2025-2026
NEW EDITION

팔로우 싱가포르

팔로우 싱가포르

1판 1쇄 인쇄 2025년 4월 14일
1판 1쇄 발행 2025년 4월 25일

지은이 | 김낙현
발행인 | 홍영태
발행처 | 트래블라이크
등 록 | 제2020-000176호(2020년 6월 24일)
주 소 | 03991 서울시 마포구 월드컵북로6길 3 이노베이스빌딩 7층
전 화 | (02)338-9449
팩 스 | (02)338-6543
대표메일 | bb@businessbooks.co.kr
홈페이지 | http://www.businessbooks.co.kr
블로그 | http://blog.naver.com/travelike1
인스타그램 | travelike_book
ISBN 979-11-987272-9-9   14980
       979-11-982694-0-9   14980(세트)

* 잘못된 책은 구입하신 서점에서 바꾸어 드립니다.
* 책값은 뒤표지에 있습니다.
* 트래블라이크는 ㈜비즈니스북스의 임프린트입니다.
* 비즈니스북스에 대한 더 많은 정보가 필요하신 분은 홈페이지를 방문해 주시기 바랍니다.

> 비즈니스북스는 독자 여러분의 소중한 아이디어와 원고 투고를 기다리고 있습니다.
> 원고가 있으신 분은 ms3@businessbooks.co.kr로 간단한 개요와 취지, 연락처 등을 보내 주세요.

팔로우
싱가포르

김낙현 지음

follow
SINGAPORE

Travelike

글·사진

김낙현 Kim Nakhyun

도시와 휴양지를 오가며 여행의 균형을 이루는 여행 작가. 싱가포르를
포함한 동남아시아 전역을 여행하며 살고 있다. 싱가포르를 베이스캠프 삼아
이웃한 동남아시아 여러 국가와 도시를 둘러보고 다시 싱가포르로 돌아와
여행을 마무리하곤 한다. 비록 첫 인연은 경유지였지만, 머무는 날과 체류 시간이
조금씩 늘다가 이제는 누구보다 자주 찾는 '최애 여행지' 중 한 곳이 되었다.
때로는 여느 여행자처럼 유명 맛집과 관광 명소를 구경하고, 때로는 로컬처럼
평범하고 소박하게 싱가포르를 즐긴다. 지금도 여전히 어딘가를 여행하며
자신만의 여행 경험을 바탕으로 책 작업을 이어나가고 있다. 저서로《팔로우 발리》,
《저스트고 베트남》,《저스트고 말레이시아》,《저스트고 라오스》 등이 있다.

홈페이지 www.saltytrip.com

《팔로우 싱가포르》를 위한 취재를 시작하고 열심히 출간 준비를 하던 어느 날 갑자기 찾아온 코로나19
팬데믹. 인생의 멈춤과도 같았던 시간 속에서, 여행의 불확실성 속에서도 《팔로우 싱가포르》는 끝내야 할
마지막 미션처럼 마음 한자리를 차지하고 있었다. 그리고 마침내 인천을 출발한 항공편이 싱가포르 창이
국제공항에 무사히 착륙했을 때 여행의 소중함과 더불어 싱가포르만의 매력이 스멀스멀 다가왔다.
코피티암에서 카야 토스트와 커피로 소소한 아침을 먹으면서 모든 것이 제자리로 돌아온 것에 감사했다.
여행자들에게 도움이 될 정보를 취합하면서 방대한 양보다는 기본에 충실하면서도 선택과 집중에 포커스를
둔 책을 만들고자 최선을 다했다. 싱가포르라는 매력 넘치는 여행지를 지면을 통해 소개하도록 도와주신
손모아 편집장과 정경미 대리를 비롯한 출판사 관계자분들에게 진심으로 감사드린다.

싱가포르, 작지만 거대한 도시국가. 그리고 언제나 세상을 깜짝 놀라게 만들 희망과 꿈을 품고 살아가는 싱가포리언. 동남아시아 심장부에 자리한 이곳은 여행자의 상상력을 자극하는 무한한 가능성을 품은 드림랜드입니다. 오랜 시간 동남아시아를 누비며 여행 가이드북을 집필해온 저에게도 싱가포르는 언제나 특별한 존재입니다.

싱가포르는 다양성의 축소판이라 할 수 있죠. 중국, 말레이, 인도, 아랍 등 여러 문화가 공존하며 이루어낸 독특한 조화는 이 나라의 가장 큰 매력입니다. 차이나타운의 붉은 홍등을 지나쳐 치킨 라이스를 먹다 보면 왠지 중국에 온 듯하고, 리틀인디아의 컬러풀한 거리를 걷다 진한 커리를 먹다 보면 인도에 온 것 같기도 하죠. 발길을 옮겨 황금빛 술탄 모스크가 자리한 아랍 스트리트와 캄퐁글램으로 가면 중동 분위기와 튀르키예식 디저트의 달콤함에 빠지기도 한답니다.

멀리 가지 않아도, 싱가포르에서는 마치 현실판 부루마불 게임을 하듯 세계 여행이 가능하답니다. 이 작은 섬나라는 단순한 관광지를 넘어 아시아 경제의 중심지로 우뚝 서 있습니다. 글로벌 금융 허브로 자리매김한 싱가포르의 진정한 힘은 창의성이 아닌가 싶습니다. 인간만의 아이디어와 노력으로, 불모지에서 세계적인 국가를 일궈낸 싱가포르의 발전은 경이로울 뿐입니다.

여행자에게 싱가포르는 끝없는 탐험의 공간입니다. 화려한 마리나베이 야경, 가든스 바이 더 베이의 미래지향적 정원, 센토사섬의 이국적인 해변까지 곳곳이 새로운 발견으로 가득한 여행지입니다. 그뿐 아니라 미식가에게도 천국 같은 곳입니다. 세계 각국의 요리가 한데 모여 독특한 퓨전 요리로 재탄생한 이곳에서 미각의 대모험을 즐길 수 있으니까요.

싱가포르 여행은 단순한 동남아시아 국가로 떠나는 휴가가 아닌, 세계를 품은 국가를 경험하는 여정이 될 것입니다. 《팔로우 싱가포르》를 통해 싱가포르의 진정한 매력을 발견해보세요. 자, 이제 떠날 준비가 되었나요? 싱가포르에서 여러분만의 특별한 순간을 만나보시길.

저자 드림

1권 최강의 플랜북

2권으로 분권한 목차를
모두 정리했습니다.
찾고 싶은 여행지와 정보를
권별로 간편하게 찾아보세요.

FAQ

알아두면 쓸모 있는 싱가포르 여행 팁

2권 싱가포르 실전 가이드북

Special Pages

2권

《팔로우 싱가포르》 사용법
HOW TO FOLLOW SINGAPORE

01 일러두기

- 이 책에 실린 정보는 2025년 4월 초까지 수집한 자료를 바탕으로 하며 이후 변동될 가능성이 있습니다. 현지 교통편과 관광 명소, 상업 시설의 운영 시간과 비용 등은 현지 사정에 따라 수시로 바뀔 수 있으니 여행을 떠나기 전 다시 한번 확인하기 바랍니다.

- 본문에 사용한 지명, 상호명 등은 국립국어원 외래어표기법을 따랐으나, 현지 발음과 현저하게 차이 나는 경우 통상적으로 사용하는 명칭으로 표기했습니다.

- 싱가포르의 화폐 단위는 싱가포르 달러Singapore dollar(S\$, SGD)로, 현지에서는 싱달러Sing dollar 또는 싱Sing으로 부르기도 합니다. 책에서는 모든 요금을 'S\$'로 표기했습니다.

- 추천 일정의 차량 및 대중교통, 도보 이동 시간, 예상 경비는 현지 사정과 개인의 여행 스타일에 따라 크게 달라질 수 있다는 점을 고려하여 일정을 계획하기 바랍니다.

- 관광 명소 요금은 대개 일반 요금을 기준으로 했으며, 일부 명소는 학생 및 어린이 요금도 함께 표기했습니다. 운영 시간은 여행 시즌에 따라 변동되므로 방문 전 홈페이지를 참고하기 바랍니다.

- 맛집, 나이트라이프 등 상업 시설의 예산은 봉사료와 세금이 별도인 경우, 요금에 포함된 경우를 구분해 표기했으니 예산을 계획할 때 감안하기 바랍니다.

02 책의 구성

- **이 책은 크게 두 파트로 나누어 분권했습니다.**

  1권 싱가포르 여행을 준비하는 데 필요한 기본 정보와 알아두면 좋은 팁 정보를 세세하게 살피고, 꼭 경험해봐야 할 테마 여행법을 제안합니다.

  2권 싱가포르를 대표하는 도시 중심부 6개 지역과 센토사섬을 중심으로 안내합니다. 각 지역을 알차게 즐길 수 있도록 관광, 맛집, 쇼핑, 나이트라이프 등 최신 정보를 소개했습니다.

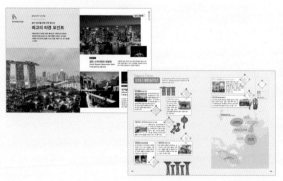

⓪③ 본문 보는 법

● 관광 명소의 효율적인 동선
핵심 관광 명소와 연계한 주변 명소를 여행자의 동선에 가까운
순서대로 안내했습니다. 핵심 볼거리는 매력적인 테마 여행법을
제안하고 풍부한 읽을 거리, 사진, 지도 등과 함께 소개해 알찬
여행에 도움이 되도록 했습니다.

● 일자별 · 테마별로 완벽한 추천 코스
추천 코스는 지역 특성에 맞게 일자별 · 테마별로 다양하게
안내합니다. 평균 소요 시간은 물론, 아침부터 저녁까지의 동선과
추천 식당 및 카페, 예상 경비, 꼭 기억해야 할 여행 팁을 꼼꼼하게
기록했습니다. 어떻게 여행해야 할지 고민하는 초보 여행자를
위한 맞춤 일정으로 참고하기 좋으며 효율적인 여행이 되도록
도와줍니다.

● 실패 없는 현지 맛집 정보
현지인의 단골 맛집부터 한국인의 입맛에 맞는 인기 맛집과 카페
이용법, 대표 메뉴, 장단점 등을 한눈에 알아보기 쉽게 정리했습니다.
싱가포르의 식문화를 다채롭게 파악할 수 있는 특색 요리와
미식 정보도 실어 보는 재미가 있습니다.

점보 시푸드
Jumbo Seafood

위치 해당 장소와 가까운 명소 또는 랜드마크
유형 인기 맛집, 로컬 맛집, 신규 맛집 등으로 분류
주메뉴 대표 메뉴나 인기 메뉴
😊 😞 좋은 점과 아쉬운 점에 대한 작가의 견해

● 한눈에 파악하기 쉬운 상세 지도
관광 명소와 맛집, 상점, 쇼핑 정보의 위치를 한눈에 파악할 수 있는
지역별 지도를 제공합니다. 효율적인 나만의 동선을 짤 수 있도록
각 지역의 MRT 역과 주변 스폿 위치를 알기 쉽게 표기했습니다.

지도에 사용한 기호					
📍	🍴	🛍	🍸	🏨	ⓘ
관광 명소	맛집 · 카페	쇼핑	나이트라이프	호텔	방문자 센터
✈	**CC 3**	🚌	🚠	🚝	⛴
공항	MRT역	버스 정류장	케이블카	모노레일	선착장

Singapore Preview
싱가포르 여행 미리 보기

싱가포르는 국토는 작지만 그 나라만의 문화와 다양한 매력이 있다. 싱가포르를 대표하는 지역별 특징을 미리 살펴보고 여행을 떠나자.

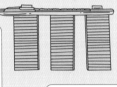

마리나베이 Marina Bay

아시아의 허브인 싱가포르를 만날 수 있는 여행의 출발점으로 추천한다. 싱가포르강과 머라이언 동상, 도심 속에 우뚝 솟은 마리나베이 샌즈 등 싱가포르의 랜드마크들이 모여 있는 싱가포르 관광의 중심 지역이다.
▶ 2권 P.018

차이나타운 Chinatown

중국계 이민자들이 일구어낸 지역으로 붉은 홍등이 내걸린 거리와 호커 센터, 상점, 그리고 현지인들이 즐겨 찾는 종교 시설이 있다.
▶ 2권 P.062

리버사이드 & 시티 홀 Riverside & City Hall

리버사이드는 싱가포르강을 따라 자리한 싱가포르를 대표하는 나이트라이프 스폿이자 관광 명소다. '올드 시티'로도 불리는 시티 홀 지역에는 역사적 건축물들이 과거의 영광을 이어오고 있다. ▶ 2권 P.042

오차드로드 Orchard Road

싱가포르에서 가장 화려하고 번화한 거리로 다수의 고급 쇼핑몰과 고급 호텔이 들어서 있다. 로컬 브랜드부터 럭셔리 명품까지 폭넓은 쇼핑이 가능하다. ▶ 2권 P.076

리틀인디아 Little India

인도 문화와 전통이 이어져오는, 싱가포르 속 작은 인도라 불리는 지역이다. 저렴한 상점가와 물건값이 싸기로 유명한 쇼핑몰 무스타파 센터가 있다. ▶ 2권 P.092

부기스 & 캄퐁글램 Bugis & Kampong Glam

현지인이 즐겨 찾는 쇼핑 거리인 부기스와 말레이·아랍 문화를 만나볼 수 있는 캄퐁글램은 과거와 현재가 공존하는 독특한 분위기가 느껴지는 곳이다.
▶ 2권 P.104

센토사섬 Sentosa Island

싱가포르 남단에 휴양지로 개발한 섬으로 다양한 즐길 거리와 리조트, 실로소 비치 등이 있다. 인기 어트랙션으로 유니버설 스튜디오 싱가포르와 스카이라인 루지 센토사가 있다. ▶ 2권 P.118

🏛 관광
🍴 미식
🛍 쇼핑
🍸 나이트라이프

● 싱가포르 보태닉 가든
SINGAPORE BOTANIC GARDENS

리틀인디아
LITTLE INDIA

오차드로드
ORCHARD ROAD

부기스 & 캄퐁글램
BUGIS & KAMPONG GLAM

리버사이드 & 시티 홀
RIVERSIDE & CITY HALL

차이나타운
CHINATOWN

마리나베이
MARINA BAY

센토사섬
SENTOSA ISLAND

ATTRACTION

EXPERIENCE

EAT & DRINK

SHOPPING

SLEEPING

Bucket List

싱가포르 여행 버킷 리스트

☑ BUCKET LIST 01

인증 샷 필수

싱가포르 베스트 명소

싱가포르 도심에는 마리나베이 샌즈, 머라이언 파크, 가든스 바이 더 베이 등 싱가포르의 랜드마크가 자리하고 있다. 도심에서 멀지 않은 센토사섬에서는 리조트 월드 센토사와 테마파크인 유니버설 스튜디오 싱가포르가 유명하다. 싱가포르 여행이 처음이라면 필수로 방문해야 할 인기 명소를 미리 만나보자.

BEST 01 마리나베이

마리나베이 샌즈
Marina Bay Sands

➡ 2권 P.025

싱가포르의 대표적인 랜드마크. 호텔 겸 복합 문화
시설로 최상층의 인피니티 풀과 쇼핑센터, 카지노,
레스토랑 등을 갖추고 있어 여행자라면 꼭 한번 가
고 싶고, 머물고 싶은 명소다.

BEST 02 마리나베이

머라이언 파크
Merlion Park

➡ 2권 P.022

싱가포르의 상징인 머라이
언상이 자리한 공원. 상반신
은 사자, 하반신은 물고기 모습을
한 머라이언상은 높이 8.6m, 무게는 70톤에 달한
다. 1972년에 설치해 현재까지 꾸준한 인기를 얻
고 있으며 포토존 역할을 한다.

BEST 03 마리나베이

가든스 바이 더 베이
Gardens by the Bay

➡ 2권 P.028

마리나베이 워터프런트에 자리한 거대한 자연
공원. 다양한 식물과 아름다운 조경, 거대한 인공
나무 슈퍼트리 그로브는 도심 속 오아시스다.

BEST 04 리버사이드 & 시티 홀

리버사이드 *Riverside*

➡ 2권 P.042

클라크 키, 보트 키, 로버트슨 키 등 싱가포르강을 따라 형성된
리버사이드는 단순한 강변 이상의 특별한 매력을 갖춘 곳이다.
낭만적인 강변을 따라 형성된 카페, 레스토랑과 나이트라이프 스
폿에서 즐거운 시간을 보내고 산책하기도 좋다.

BEST 05 | 오차드로드

오차드로드
Orchard Road

➡ 2권 P.076

싱가포르를 대표하는 쇼핑 메카이자 최대 번화가. 약 3km에 달하는 거리를 따라 거대한 쇼핑몰과 호텔이 포진해 있다. 최고급 명품 브랜드부터 로컬 인기 브랜드까지 모여 있어 쇼핑에 최적이며, 쇼핑몰에 입점한 인기 레스토랑에서 식도락도 즐길 수 있다.

BEST 06 | 오차드로드

싱가포르 보태닉 가든
Singapore Botanic Gardens

➡ 2권 P.088

아시아 식물원 최초로 유네스코 세계문화유산 지구로 지정되었다. 158년 역사를 자랑하는 열대 녹지 공간으로 녹색의 도시 싱가포르를 한마디로 요약하는 곳이다.

BEST 07   센토사섬

센토사섬
Sentosa Island

▶ 2권 P.118

리조트와 천혜의 해변, 다양한 테마파크가 모여 있는 휴양지 섬이다. 유니버설 스튜디오 싱가포르, 어드벤처 코브 워터파크, 아쿠아리움 등 각종 즐길 거리와 짜릿한 액티비티가 있어 가족 단위 방문객들에게 인기가 높다.

BEST 08   센토사섬

S.E.A. 아쿠아리움
S.E.A. Aquarium ▶ 2권 P.135

10만 마리 이상의 해양 동물, 800여 종의 수중 생물을 기르는 수족관이다. 만타가오리, 돌고래 등을 가까이서 볼 수 있어 아이들이 특히 좋아한다.

BEST 09   센토사섬

유니버설 스튜디오 싱가포르
Universal Studios Singapore

▶ 2권 P.130

남녀노소 누구나 좋아하는 대형 테마파크. 유명 할리우드 영화나 애니메이션을 테마로 한 다양한 놀이기구와 어트랙션을 즐길 수 있다.

ATTRACTION

밤이 깊어질수록 더욱 빛나는

최고의 야경 포인트

어둠이 깔리고 은은한 조명이 들어오기 시작하면 싱가포르는
새로운 옷으로 갈아입고 또 다른 하루를 시작한다. 싱가포르
야경을 가장 멋지게 감상할 수 있는 호텔, 라운지, 바, 인기 명소를
소개한다.

SPOT 01

샌즈 스카이파크 전망대
Sands Skypark Observation Deck

📍 마리나베이 샌즈 호텔 56층

이름처럼 하늘 위에 떠 있는 공중 전망대로 360도 파노라마 전망을 즐길 수 있다. 입장권을 구입해야 하지만 돈이 아깝지 않을 정도의 전망을 자랑한다.

SPOT 02

내셔널 갤러리 싱가포르 덱
National Gallery Singapore Deck

📍 내셔널 갤러리 싱가포르 6층

싱가포르 문화유산으로 지정된 내셔널 갤러리 싱가포르 최상층에 두 곳의 무료 전망 포인트인 덱(파당Padang, 콜만Coleman)이 있다. 규모는 작지만 마리나베이 샌즈와 보트 키, 선텍 시티 등이 내려다보인다.

SPOT 03

마리나베이 샌즈 호텔
MarinaBay Sands Hotel

📍 객실, 인피니티 풀

마리나베이 뷰와 가든스 바이 더 베이 뷰 타입의 객실에서 아름답고 화려한 야경을 감상할 수 있다. 머라이언 파크, 풀러턴 베이 호텔도 정면으로 바라다보인다.

SPOT 04

리츠칼튼 밀레니아 싱가포르
The Ritz-Carlton Millenia Singapore

📍 객실, 클럽 라운지

마리나베이 뷰 타입의 객실과 클럽 라운지에서는 싱가포르 플라이어, 마리나베이 샌즈 호텔과 싱가포르강을 끼고 있는 마리나만이 바라다보인다. 객실의 대형 유리창으로 시원하게 탁 트인 전망을 감상하며 선물 같은 시간을 보낼 수 있다.

SPOT 05

만다린 오리엔탈
싱가포르
Mandarin Oriental, Singapore

◉ 객실, 야외 수영장

전망 하나만 놓고 보면 이곳을 따라갈 곳이 없다. 호텔 앞쪽으로 건물이 없어 싱가포르 플라이어, 마리나베이 샌즈 호텔, 머라이언 파크 등 싱가포르 대표 랜드마크와 야경, 스펙트라까지 객실에서 감상할 수 있다.

SPOT 06

풀러턴 베이 호텔
The Fullerton Bay Hotel Singapore

◉ 객실, 루프톱 바

리버사이드 뷰와 에스플러네이드 뷰, 마리나 베이 뷰 타입의 객실에서 야경을 감상할 수 있다. 호텔에서 운영하는 루프톱 바인 랜턴의 발코니에서도 멋진 전망이 펼쳐진다. ▶ 랜턴 P.027

SPOT 07

세 라 비 *Cé La Vi*

📍 마리나베이 샌즈 호텔 57층

지상 200m 상공, 마리나베이 샌즈 호텔 57층에 자리한 스카이 루프톱 바. 나이트라이프 스폿이자 싱가포르의 화려한 야경을 감상할 수 있는 곳이다. 트렌디한 음악을 배경으로 야외 발코니에서 칵테일과 함께 환상적인 시간을 즐겨보자.

SPOT 08

스모크 & 미러스
Smoke & Mirrors

📍 내셔널 갤러리 싱가포르 6층

칵테일을 한잔 하며 싱가포르 야경을 즐길 수 있는 분위기 좋은 루프톱 바. 내셔널 갤러리 싱가포르 건물에 숨어 있는 공간이다. 마리나베이 샌즈와 에스플러네이드, 싱가포르 플라이어 전경이 파노라마처럼 펼쳐진다.

SPOT 09

레벨 33 *Level 33*
📍 마리나베이 파이낸셜 센터 타워 1 33층

싱가포르 비즈니스 중심지의 마리나베이 파이낸셜 센터 타워 1 33층에 자리한 야경 맛집으로 통한다. 마치 버드 뷰로 촬영하는 듯한 180도에 가까운 파노라마 뷰로 도시 전경을 감상할 수 있어 인기가 높다.

SPOT 10

랜턴 *Lantern*
📍 풀러턴 베이 호텔 루프톱

인기 있는 칵테일 바로 풀러턴 베이 호텔 루프톱에 자리해 있다. 마리나베이 샌즈 호텔과 싱가포르 플라이어, 에스플러네이드가 한눈에 들어온다. 싱가포르 슬링을 마시며 여유롭게 야경을 감상할 수 있는 곳으로 예약 없이 가도 된다.

SPOT 11

머라이언 파크
Merlion Park

📍 머라이언 동상 앞

싱가포르의 상징인 머라이언 동상이 위치한 머라이언 파크에서는 마리나베이 샌즈가 정면으로 보이고, 반대쪽으로는 풀러턴 베이 호텔과 싱가포르의 마천루를 감상할 수 있다.

SPOT 12

MBS 뷰포인트
MBS Viewpoint

📍 풀러턴 파빌리온 레스토랑 앞

싱가포르강과 마리나베이 샌즈 정면을 동시에 눈에 담을 수 있는 특별한 뷰 포인트. 풀러턴 파빌리온The Fullerton Pavillion 레스토랑 앞쪽으로 덱이 깔려 있어 여유롭게 산책하면서 야경을 즐기기에 그만이다.

SPOT 13

싱가포르 플라이어
Singapore Flyer

📍 싱가포르 플라이어 내부

거대한 높이의 대형 관람차인 싱가포르 플라이어 안에서는 왼편의 마리나베이 샌즈 호텔을 기준으로 싱가포르강과 도심 풍경이 한눈에 담긴다. 관람차가 이동하는 높이에 따라 시시각각 달라지는 전망이 일품이다.

SPOT 14

OCBC 스카이웨이
OCBC Skyway

📍 가든스 바이 더 베이

저녁이 되면 가든스 바이 더 베이에 화려한 조명이 들어온다. OCBC 스카이웨이 위나 슈퍼트리 아래에서 환상적인 레이저 쇼를 감상하며 도시의 야경을 즐기자.

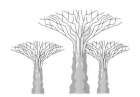

환상적인 슈퍼트리 쇼와 함께

가든스 바이 더 베이 즐기는 법

가든스 바이 더 베이는 울창한 녹지와 영화 〈아바타〉 속으로 들어온 듯한 비현실적인 풍경이 펼쳐지는 곳이다. 100만 m² 규모로 조성한 가든은 아름다운 볼거리로 가득하며 전 세계적으로 인정받는 상을 휩쓸었다. 슈퍼트리 그로브 아래에서 색다른 밤을 즐길 수 있는 이곳의 모든 게 무료라니 방문하지 않을 이유가 없다.

드래곤플라이 Dragonfly

5m×6m 크기의 웅장한 잠자리 형상 조각품. 자세히 보면 아이들이 잠자리를 타고 있는 모습이다. 잠자리 눈과 날개 부분은 유리로 되어 있다.

슈퍼트리 그로브 Supertree Grove

가든스 바이 더 베이의 하이라이트. 25~50m 높이의 거대한 인공 나무 조형물로 꾸민 야외 정원이다. 특히 매일 저녁 빛과 물, 음악이 어우러지는 환상적인 쇼 가든 랩소디가 펼쳐지는데, 태양에너지를 저장했다가 점등에 사용한다고 한다.

쇼 관람 팁

⊘ 쇼 시작 15~30분 전에 도착해 좋은 자리를 선점한다.
⊘ 돗자리나 깔개를 준비해 가서 편안하게 관람한다.
⊘ 마리나베이 샌즈가 보이는 정면 자리가 명당이다.

> 매일 저녁 7시 45분과 8시 45분에 열리는 가든 랩소디 공연도 놓치지 마세요.

행성 Planet

갓난아이가 공중에 떠 있는 형상의 마크 퀸 작품. 청동 소재로 길이 9m, 높이 3m이고 무게는 무려 7톤에 달한다.

마리나베이 오버패스

마리나베이샌즈

🚇 MRT
베이프런트역

행성

TIP! **신설된 육교이자 뷰 포인트! 마리나베이 오버패스** Marina Bay Overpass

마리나베이 샌즈 호텔과 가든스 바이 더 베이를 연결하는 다리이자 무료 전망대 역할을 하는 마리나베이 오버패스. 이 다리를 이용하면 마리나베이 샌즈에서 가든스 바이 더 베이를 보다 편하고 빠르게 오갈 수 있다. 특히 이곳에서 바라보는 슈퍼트리 그로브와 마리나베이 샌즈의 파노라마 전망이 압도적이다.

플라워 돔 Flower Dome

세계 각국에서 들여온 100만 개가 넘는 각양각색의 꽃으로 이루어진 실내 정원이다. 지중해 지역에서 온 1000살 된 올리브나무도 있으며 1년 내내 각기 다른 꽃을 테마로 전시가 열린다.

클라우드 포레스트 Cloud Forest

세계에서 가장 높은 35m 높이의 실내 인공 폭포가 인상적인 곳으로, 열대 고산 식물을 비롯해 다양한 식물이 있다.

플라워 돔

클라우드 포레스트

실버 가든

드래곤플라이 호수

플로럴 시계탑

BC 스카이웨이

슈퍼트리 그로브

월드 오브 플랜츠

골든 가든

어린이 가든

킹피셔 호수

메인 입구

Marina Gardens Dr

가든스 바이 더 베이역

MRT

OCBC 스카이웨이 OCBC Skyway

12그루의 슈퍼트리 중 2개의 슈퍼트리를 연결한 지상 22m 높이의 공중 산책로. 총길이 128m로 이곳을 거닐며 발아래 펼쳐진 풍경과 우뚝 솟은 마리나베이 샌즈를 조망할 수 있다.

킹피셔 호수 Kingfisher Lakes

가든스 바이 더 베이 중앙에 위치한 넓은 호수로, 주변에 산책로가 잘 조성되어 있어 현지인에게 휴식처와 자전거 명소로 사랑받고 있다.

월드 오브 플랜츠 World of Plants

가든스 바이 더 베이의 야외 테마 공간 중 하나로 전 세계 다양한 식물의 신비로운 생태와 보존에 대한 정보를 제공한다. 초록 식물로 다양한 동물을 형상화해 꾸민 정원은 포토존으로 유명하다.

ATTRACTION

☑ BUCKET LIST **04**

싱가포르에서 세계 여행

개성 넘치는
골목 탐방

다양한 민족으로 이루어진
싱가포르는 특정 민족이 모여 사는
지역마다 각기 다른 그 민족만의
색과 분위기가 느껴진다. 대표적인
곳이 차이나타운, 리틀인디아,
캄퐁글램과 아랍 스트리트다.
지역별 특징을 알아보고 색다른
여행 버킷 리스트를 작성해보자.

01
•CHINA•

중국 문화 속으로
차이나타운 *Chinatown*
▶ 2권 P.062

싱가포르의 차이나타운은 1821년 광둥성 출신 화교
들이 정착하면서 이루어진 곳이다. 오늘날 싱가포르
를 찾는 관광객들의 필수 코스로 유명하다. 홍등과
파스텔 톤의 알록달록한 집이 줄지어 있는 거리를
걷다 보면 과거의 향취와 현재의 활기가 동시에 느
껴진다. 불아사 불교 사원의 웅장함과 파고다 스트
리트의 이국적 풍경, 소소한 먹거리, 중국풍 소품 상
점은 독특한 이 지역의 매력을 더해준다.

🛍 Bucket List

- ☑ 불아사 불교 사원에서 향 피우기
- ☑ 알록달록한 건물을 배경으로 사진 찍기
- ☑ 맥스웰 푸드 센터에서 로컬 음식 맛보기
- ☑ 림치관 육포 또는 비첸향 육포 맛보기
- ☑ 기념품으로 싱가포르 마그넷 구매하기

02
·ARAB·

말레이시아 · 인도네시아 · 이슬람 문화 속으로

캄퐁글램 & 아랍 스트리트 *Kampong Glam & Arab Street*

➡ 2권 P.104, 110

캄퐁글램과 아랍 스트리트는 싱가포르의 다문화적 정체성을 보여주는 지역이다. 과거 말레이와 아랍 무슬림의 거주지로 시작해 오늘날 이국적인 매력과 현대적 감성이 공존하는 독특한 공간으로 변모했다. 화려한 벽화와 색색의 건물이 늘어서 있으며 술탄 모스크를 중심으로 이슬람 문화의 향기가 가득하다. 낮에는 평화로운 예술 거리였다가 밤이면 활기찬 관광지로 변하는 싱가포르의 예술 · 문화적 명소로 인기가 높은 곳이다.

🔖 **Bucket List**

- ☑ 황금색 술탄 모스크를 배경으로 사진 찍기
- ☑ 하지 레인에서 나만의 아이템 찾아보기
- ☑ 이국적인 아랍 거리에서 음식 맛보기
- ☑ 현지인이 좋아하는 테 타릭과 생과일 주스 마시기

03
·INDIA·

인도 문화 속으로

리틀인디아 *Little India*

➡ 2권 P.092

세랑군 로드를 중심으로 형성된 지역으로 19세기 영국 식민지 시절에 이주해 온 인도인들의 흔적이 고스란히 남아 있다. 화려한 색감의 인도풍 아이템과 개성 넘치는 상점이 즐비한 거리를 걷다 보면 마치 인도의 한 도시에 온 듯한 착각에 빠질 정도다. 향신료 향으로 가득한 골목에는 힌두교 사원과 인도 요리 레스토랑이 자리해 이국적인 분위기가 물씬 풍긴다. 매년 리틀인디아에서 열리는 인도의 추수감사절 '퐁갈 축제'와 빛의 축제로 알려진 '디파발리 축제'는 이 지역의 문화적 정체성을 만끽하기에 충분하다.

🔖 **Bucket List**

- ☑ 리틀인디아 거리와 사원 구경하기
- ☑ 인도 전통 요리와 달콤한 인도식 디저트 맛보기
- ☑ 무스타파 센터에서 인기 아이템 쇼핑하기
- ☑ 특색 있는 건물을 배경으로 사진 찍기

BUCKET LIST

ATTRACTION

☑ BUCKET LIST 05

과거로 타임 슬립

콜로니얼 양식 건축물

싱가포르 하면 현대적 도시 이미지를
떠올리게 되지만 한 발짝 깊숙이 들어가보면
도시 곳곳에 오랜 역사와 전통을 간직한
건축물이 많다. 콜로니얼 양식의
근대건축물부터 100년 넘은 세월을 간직한
고택까지, 싱가포르는 옛것을 보존하고
지키는 일에도 수고를 아끼지 않는다.

⑨ 래플스 호텔 *Raffles Hotel* ▶ 2권 P.046

1887년에 개관한 세계적인 고급 호텔로 콜로니얼 건축양식이 보존되어 있다. 각국의 유명 인사들이 머물렀던 곳으로 유명하며, 특히 칵테일 '싱가포르 슬링'이 탄생한 곳으로 알려져 있다. 아름다운 정원과 함께 레스토랑, 스파 등 편의 시설이 잘 갖춰져 있어 관광객들에게 인기가 높다.

건축 연도	1887년
사용 목적	호텔
건축가	앨프리드 존 비드웰Alfred John Bidwell

② 풀러턴 호텔 싱가포르 *The Fullerton Hotel Singapore* ▶ P.086

1928년에 지은 역사적 건축물로 식민지 시대의 건축양식이 돋보인다. 처음에는 우체국으로 사용했으나 현재는 럭셔리 호텔로 싱가포르의 대표 숙소 중 하나로 자리 잡았다. 하얀 대리석 외벽과 넓은 아치형 창문이 돋보이며, 밤에 은은한 조명이 켜지면 야경이 매우 아름답다.

건축 연도	1928년
사용 목적	우체국
건축가	퍼시 휴버트 키스Percy Hubert Keys, 프랭크 다우즈웰Frank Dowdeswell

③ 아시아문명박물관 *Asian Civilisations Museum* ⮞ 2권 P.049

아시아의 다양한 문명과 문화유산을 전시하는 박물관이다. 중국, 인도, 이슬람, 동남아시아 등의 문화를 다뤄 싱가포르에서 아시아의 역사와 문화에 대한 이해를 넓힐 수 있는 중요한 곳이다. 아름다운 콜로니얼 양식의 건물 외관은 단단한 석재와 우아한 조각이 인상적이다.

건축 연도	1867년
사용 목적	정부 청사
건축가	존 프레더릭 아돌푸스 맥네어 John Frederick Adolphus McNair

©roots.gov.sg

④ 내셔널 갤러리 싱가포르 *National Gallery Singapore* ⮞ 2권 P.048

과거 싱가포르 대법원과 시청으로 사용했던 건물을 현대적으로 재건축했다. 2015년에 역사적 건축물의 가치와 현대미술의 다양성을 모두 갖춘 갤러리로 문을 열었다가 이후 10년간의 리노베이션을 거쳐 현대적인 예술 전시를 위한 내셔널 갤러리 싱가포르로 변모했다. 건물 내 카페와 기념품점은 현지인은 물론 여행자에게도 인기가 높다.

건축 연도	1929년
사용 목적	대법원과 시청
건축가	프랭크 도링턴 워드 Frank Dorrington Ward

Municipal Building, Singapore
©nas.gov.sg

⑤ 차임스 *Chijmes* ⇒ 2권 P.047

처음에 가톨릭 수녀원 부속 학교로 지은 건물로 현재는 레스토랑, 카페, 상점이 모여 있는 복합 다이닝 공간으로 재탄생했다. 19세기 고딕 양식의 건축물이 인상적이며, 아늑한 정원이 있어 도심 속에서 여유로운 시간을 보내기 좋은 곳이다. 식사를 즐기면서 역사적 건축물의 아름다움을 감상할 수 있다.

건축 연도	1840년
사용 목적	가톨릭 여학교
건축가	조지 콜먼George D. Coleman

⑥ 빅토리아 극장 & 콘서트홀
Victoria Theatre and Victoria Concert Hall

1862년에 건설해 마을 회관으로 사용하다가 1905년에 공연장으로 재개관했으며 현재 싱가포르에서 가장 유서 깊은 공연장 중 하나다. 클래식한 건축양식의 건물은 시계탑과 함께 아치형 입구가 시선을 끌며 주변이 넓은 정원으로 둘러싸여 있다. 이곳에서 연중 클래식 음악, 오페라, 댄스 공연 등 다양한 문화 행사가 열린다.

건축 연도	1862년
사용 목적	마을 회관
건축가	존 베넷John Bennett

⑦ 올드 힐 스트리트 경찰서
Old Hill Street Police Station

1934년에 경찰서로 지은 바로크 양식 건물로 현재는 문화 단체와 예술가들의 창작 공간이다. 화려한 색상의 창문과 버팀목이 특징이며, 역사와 현대가 조화롭게 공존하고 있다. 건물을 배경으로 사진 찍기 좋은 인기 포토존이다.

건축 연도	1934년
사용 목적	경찰서
건축가	프랭크 도링턴 워드

EXPERIENCE

☑ BUCKET LIST 06

놓칠 수 없는 즐거움
센토사섬
하루 여행

센토사섬에는 다양한 즐길 거리가 넘쳐난다.
짧은 일정 안에서 모두 체험하긴 어려우니
가장 인기 있는 테마파크와 핵심 어트랙션을
선별한 원데이 코스를 안내한다. 하루를
온전히 투자해 가족 또는 친구들과 함께
특별한 추억을 만들어보자.

> 센토사섬 내 테마파크와
> 각종 어트랙션은 각기 운영
> 시간이 조금씩 다르니 운영
> 시간을 고려해 이용 순서를
> 정하는 것이 중요해요.

One Day Tour ❶

Morning
09:00~14:00

센토사섬의 하이라이트만
알차게 즐기기

① 유니버설 스튜디오 싱가포르 ➡ 2권 P.130

동남아시아 최초의 할리우드 테마파크로 다양한
놀이기구와 어트랙션을 갖추고 있어 어른, 아이 모
두 즐길 수 있다. 특히 쥐라기 공원 구역은 아이들
이 좋아하는 테마로 구성되어 있어 가족 단위 여행
객에게 적합하다. 다양한 캐릭터와 함께 사진 촬영
도 할 수 있다.

② 워터월드 워터쇼

하루에 두 번(오후 1시 15분, 5시 15분) 진행하는
워터쇼는 연령대에 관계없이 누구나 관람할 수 있
다. 스토리와 특수 효과까지 더해져 한 편의 영화를
보는 듯한 재미를 선사한다. 점심 식사와 함께 워터
쇼까지 관람하고 오전 일정을 마무리한다. 단, 워터
쇼 스케줄은 변경될 수 있으니 방문 전 홈페이지 확
인 필수!

Afternoon
14:00~18:00

스릴 넘치는 루지 타고
아름다운 석양으로 마무리

③ **스카이라인 루지 센토사** ▶ 2권 P.136

루지를 타고 구불구불한 내리막길과 아찔한 경사로를 내려가는 어트랙션이다. 루지는 눈썰매와 유사하게 제작한 특수 장비로 핸들을 이용해 속도를 조절한다. 센토사섬의 스카이라인 루지는 4개 코스로 이루어져 있으며 아이를 동반한 가족여행자에게 특히 인기 있다.

④ **실로소 비치 & 실로소 요새** ▶ 2권 P.138

실로소 비치 주변에서 오후 일정을 마무리한다. 실로소 비치에서 산책 겸 다녀오기 좋은 실로소 요새를 구경하거나 해변에서 일광욕과 함께 해양 스포츠를 즐겨도 좋다. 해변에는 비치 클럽과 바, 레스토랑이 모여 있어 식사와 함께 칵테일이나 맥주를 마시며 멋진 석양을 감상하기 좋다. 해변 풍광은 저녁에 더욱 아름답다.

TIP!

스카이라인 루지 센토사는 사전 예약을 하면서 탑승 시간을 지정해야 한다. 최근에는 야간 루지Night Luge도 운행하는데 운영 시간은 저녁 7~8시(금~일요일은 9시까지)다.

One Day Tour ❷

Morning
09:00~12:00

**싱가포르의 멋진 풍경과
해양 동물 관찰로 하루 시작**

① 케이블카 ▶ 2권 P.123

케이블카는 센토사섬으로 갈 때 이용하는 매력적인
교통수단으로, 약 93m 높이에서 싱가포
르 전망을 내려다보는 놀라운 경험
을 하게 된다. 이용료가 비싼 게 흠
이지만 바다 위를 가로지르며 센
토사섬과 하버프런트의 아름다운
경관을 한눈에 담을 수 있다.

② S.E.A. 아쿠아리움 ▶ 2권 P.135

S.E.A. 아쿠아리움은 세계 최대의 수족관 중 하나로,
해저 터널뿐 아니라 10만여 마리의 다양한 해양 동물
을 가까이에서 관찰할 수 있다. 실내 공간이라 비가
오든 날씨가 무덥든 상관없이 항상 쾌적한 환경이다.

이런 곳도 있어요! 여행자에게 잘 알려지지 않은 시크릿 포인트가 있다. 바로 에쿠아리우스 호텔Equarius
Hotel에서 운영하는 오션 레스토랑Ocean Restaurant이다. 레스토랑 안에 거대한 수족관이
있어 식사하면서 해양 동물을 구경할 수 있다.

Afternoon
13:00~18:00

무더위 한 방에 날려보내기!
워터파크에서 물놀이

③ 어드벤처 코브 워터파크 ▶ 2권 P.134

짜릿한 물놀이를 원한다면 어드벤처 코브 워터파크로 향
할 것. 파도 풀과 동남아시아 최초의 수력 자기
롤러코스터인 립타이드 로켓Riptide Rocket
워터 슬라이드도 있다. 절대 놓치지 말아
야 할 것은 레인보 리프. 바닷속 생태계
를 옮겨놓은 인공 암초 사이를 헤엄치며
2만여 마리의 열대어와 함께하는 스노클
링을 무료로 즐길 수 있다.

④ 실로소 비치에서 즐기는 선셋과 다이닝 ▶ 2권 P.138

실로소 비치 앞의 비치 클럽, 레스토랑,
바 등에서 저녁 식사를 하면서 선셋을
즐긴다. 저물어 가는 해를 감상하며
파티 분위기에서 칵테일을 즐겨도
좋다.

TIP!
어드벤처 코브 워터파크에 갈 계획이라면 수영복과
워터파크에서 필요한 물품을 미리 준비한다. 워터파크에
물놀이용품을 파는 상점이 있지만 가격이 비싼 편이다.

☑ BUCKET LIST 07

온 가족이 함께 떠나는
만다이 야생동물 공원 탐험

싱가포르 동물원, 리버 원더스, 버드 파라다이스, 나이트 사파리 등 네 곳의 테마 동물원이
모인 거대한 만다이 야생동물 공원Mandai Wildlife Reserve. 모든 동물원을 둘러볼 수 있다면
좋겠지만 시간적 여유가 없을 때는 가장 중요한 곳을 한두 군데 정해 둘러본다.
운영 시간을 고려해 낮과 밤으로 나누어 각각의 특징을 살펴본다.

⟨⟨ 좋아하는 동물 따라 Pick! ⟩

열대우림의 야생동물을 관찰하고 싶다면 ▶ **싱가포르 동물원**
싱가포르의 귀여운 판다를 보고 싶다면 ▶ **리버 원더스**
조류와 특별한 교감을 원한다면 ▶ **버드 파라다이스**
야행성 동물의 생생함을 느끼고 싶다면 ▶ **나이트 사파리**

만다이 야생동물 공원
알차게 탐험하는 방법

만다이 야생동물 공원은 규모가 큰 자연공원으로, 적절한 이동 방법을 선택해야 한다. 가장 이용하기 편한 교통수단은 만다이 카티브 셔틀버스다.

STEP 01 만다이 카티브 셔틀버스 Mandai Khatib Shuttle Bus

가장 간편한 방법으로 MRT 카티브역 앞에서 탑승한다. 버드 파라다이스가 위치한 정류장에서 한 번 정차하고 싱가포르 동물원, 리버 원더스, 나이트 사파리가 모여 있는 위치의 정류장에 도착한다.

가는 방법 MRT 카티브Khatib역 NS14 출구에서 셔틀버스 탑승 **운행** 11:00~24:00
소요 시간 20분(배차 간격 50분) **요금** 일반 S$3, 7세 미만 무료

STEP 02 만다이 시티 익스프레스 Mandai City Express

래플스 호텔, 힐튼 오차드 호텔 등 도심의 주요 호텔에서 출발하는 직행버스로 소요 시간은 출발지에 따라 다르지만 30분~1시간 정도다. 홈페이지에서 원하는 날짜와 탑승 시간을 선택해야 하며 신용카드로 결제한다.

운행 목~일요일 1일 5회(09:00, 11:30, 14:30, 17:15, 18:15)
요금 편도 S$8, 왕복 S$16 **홈페이지** www.mandaicityexpress.com

STEP 03 공원 내 이동 방법

버드파라다이스에서 싱가포르 동물원까지는 만다이 카티브 셔틀버스를 이용한다. 버드 파라다이스와 싱가포르 동물원, 나이트 사파리 내에서는 트램이나 도보로 다닐 수 있다.

STEP 04 멀티 파크 패스 Multi Park Pass

두 곳 이상의 동물원을 방문한다면 할인이 적용되는 멀티 파크 패스를 활용하자.

	파크 호퍼 플러스 Park Hopper Plus	2파크 어드미션 2-Park Admission	2파크 어드미션 2-Park Admission
이용 범위	싱가포르 동물원, 리버 원더스, 버드 파라다이스, 나이트 사파리 네 곳 종합권	싱가포르 동물원, 리버 원더스, 나이트 사파리 중 두 곳	싱가포르 동물원, 리버 원더스 두 곳
요금	일반 S$110, 어린이 S$80	일반 S$90, 어린이 S$60	일반 S$80, 어린이 S$50

자연과 동물에게 친화적인 환경
싱가포르 동물원 ☀낮

자연 친화적인 환경에서 사는 전 세계 300여 종 4200여 마리의 동물을 가까이서 만나볼 수 있다. 특히 이곳은 방목형 오랑우탄 서식지로 유명하며, 무료 트램을 타고 이동하면서 다양한 동물을 구경한다.

장점	울타리가 거의 없어 아주 가까이서 동물 관찰 가능
단점	무더운 낮 시간에는 도보 이동 무리
소요 시간	약 3~4시간
인기 프로그램	코끼리 먹이 주기, 캘리포니아 바다사자 쇼
인기 동물	하마, 호랑이, 기린, 오랑우탄, 캥거루, 코끼리, 원숭이
운영 시간	08:30~18:00
입장료	일반 S$49, 3~12세 S$34

세상 어디에도 없는 수생 생물 전시장
리버 원더스 ☀낮

갠지스강, 메콩강, 나일강 등 세계적인 강과 그 주변의 생태계를 그대로 재현한 동물원. 1만 1000마리 이상의 수상 동물과 육상 동물이 서식한다. 특히 현지인은 물론 관광객에게 인기 많은 자이언트 판다와 레드 판다도 볼 수 있다.

장점	대부분 실내 공간이라 날씨에 관계없이 관람 가능
단점	잠자는 시간이 많은 자이언트 판다는 만날 확률이 적음
소요 시간	약 2시간
인기 프로그램	아마존 리버 퀘스트 보트 타기, 담수 수족관
인기 동물	자이언트 판다, 원숭이, 피라냐, 펠리컨, 비버
운영 시간	10:00~19:00
입장료	일반 S$43, 3~12세 S$31

세계 각국의 조류와 새 공원
버드 파라다이스 ☀️ 낮

Bird Paradise

3500마리 이상의 조류가 서식하는 아시아 최대 규모의 조류 공원으로 총 10개 구역으로 이루어져 있다. 동남아시아, 아프리카, 남미 등 서식지별 조류 400여 종을 분류해 놓았다.

장점	다양한 조류를 한자리에서 볼 수 있음
단점	오직 조류만 있음
소요 시간	약 2~3시간
인기 프로그램	새 공연
인기 조류	펭귄, 홍학, 앵무새, 맹금류
운영 시간	09:00~18:00
입장료	일반 S$49, 3~12세 S$34

세계 최초의 야간 동물원
나이트 사파리 🌙 밤

Night Safari

900마리 이상의 야행성 동물이 서식하는 곳으로 저녁부터 자정까지 운영한다. 탐방로를 따라 걸어 다니며 관람하거나 특수 제작한 사파리 트램을 타고 돌아보는 방법이 있다. 저녁 시간이라 덥지 않아 이용자가 많다.

장점	낮보다 기온이 떨어져 덥지 않음
단점	밤이라 시야 확보가 어려움
소요 시간	약 2~3시간
인기 프로그램	크리에이처 오브 더 나이트Creatures of the Night, 키퍼 토크Keeper Talk
인기 동물	아시아코끼리, 호랑이, 기린, 얼룩말
운영 시간	19:15~24:00
입장료	일반 S$56, 3~12세 S$39

만다이 야생동물 공원 완전 정복 하루 코스

만다이 야생동물 공원 내 네 곳의 동물원을 하루에 모두 둘러보는 것은 불가능하다. 다음의 하루 코스를 참고해 아침부터 늦은 밤까지 동물원에서 알찬 하루를 보내자.

싱가포르 동물원

10:30 사자, 코뿔소, 얼룩말, 기린 구경 ▶ 11:30 아시아코끼리, 호랑이 구경 ▶ 13:00 동물원 내에서 점심 식사 추천 아멩 레스토랑

리버 원더스

15:00 마마 판다 키친에서 판다찐빵 맛보기 ▶ 16:00 자이언트 판다, 레드 판다 구경 ▶ 17:00 아마존 리버 퀘스트 보트 타기

나이트 사파리

18:30 동물원 내에서 저녁 식사 추천 울루 울루 레스토랑 ▶ 19:30 나이트 사파리 야밤 트레킹 & 야행성 동물 관찰 ▶ 21:00 애니멀 나이트 쇼 관람

EXPERIENCE

☑ BUCKET LIST **08**

핵심 명소만 모아!

싱가포르
빅 버스 여행

싱가포르의 관광버스인 빅 버스Big Bus를 이용하면 도심의 주요 관광 명소를 편리하게 둘러볼 수 있다. 2개 노선과 30개 이상의 정류장이 있으며, 싱가포르의 핵심 랜드마크와 문화를 빠르게 경험할 수 있다.

빅 버스 노선 정보

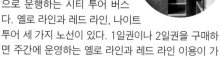

빅 버스
어떻게 탈까

빅버스는 오픈톱 형태의 2층 버스로 1층은 냉방 장치가 있어 시원하게 투어할 수 있다. 2층은 버스 타입에 따라 지붕 개방 범위가 조금씩 다르다.

노선 정보

빅 버스는 티켓 하나로 원하는 곳에서 타고 내리는 홉온 홉오프hop-on hop-off 시스템으로 운행하는 시티 투어 버스다. 옐로 라인과 레드 라인, 나이트 투어 세 가지 노선이 있다. 1일권이나 2일권을 구매하면 주간에 운영하는 옐로 라인과 레드 라인 이용이 가능하며, 나이트 투어 티켓은 별도로 구입해야 한다.

• 옐로 라인 Yellow Line(시티 투어 City Tour)
도심의 주요 거리와 랜드마크, 싱가포르 보태닉 가든을 연결하는 노선으로 총 19개 정류장에 정차한다. 싱가포르의 현대적 면모와 자연을 모두 체험할 수 있다.
주요 정류장 Gardens by the Bay, Marina Bay Sands, Singapore Botanic Gardens
운행 09:30~17:20

• 레드 라인 Red Line(헤리티지 투어 Heritage Tour)
싱가포르의 전통적인 다민족 지역을 지나는 노선으로 총 17개 정류장에 정차한다. 다양한 문화와 역사를 체험할 수 있다.
주요 정류장 Little India, Chinatown, Kampong Glam
운행 09:40~17:10

티켓 요금 정보

• 티켓 요금
1일권Discover Ticket S\$47~
2일권Essential Ticket S\$51~
나이트 투어Night Tour S\$47~

• 구매 방법
온라인(공식 홈페이지, 클룩) 예매, 또는 버스 탑승 시 운전기사에게 직접 현금으로 지불
※클룩 예매 시 약간 저렴

주요 정류장 특징과 연결되는 명소

① 선텍 시티 투어리스트 허브 Suntec City Tourist Hub
버스 출발점, 티켓 구매 가능

② 마리나베이 샌즈(사우스바운드) Marina Bay Sands(Southbound)
마리나베이 샌즈, 아트사이언스 뮤지엄, 가든스 바이 더 베이 관람 가능

⑪ 싱가포르 보태닉 가든 Singapore Botanic Gardens
유네스코 세계문화유산, 내셔널 오키드 가든 관람 가능

⑮ 오차드 플라자 Orchard Plaza
싱가포르를 대표하는 쇼핑 거리로 쇼핑몰과 백화점 구경 가능

②③ 리틀인디아 아케이드 Little India Arcade &
무스타파 센터 Mustafa Centre
인도 문화 체험, 타카 쇼핑센터 & 무스타파 센터 방문 가능

⑪ 차이나타운 Chinatown
맥스웰 푸드 센터, 불아사, 스리 마리암만 사원 관람 가능

빅 버스 이용 팁

⊘ 무료 이어폰을 사용하는 오디오 가이드 제공
⊘ 탑승 시간 기준으로 24시간, 48시간 적용
⊘ 나이트 투어 포함한 패키지 선택 시 도시
  야경 감상 가능
⊘ 'Big Bus Tours' 앱을 다운받아
  실시간 버스 위치 확인

Big Bus Tours 앱

TIP!

덕 투어 Duck Tour
도심 속 주요 명소를 육상과 수상에서 동시에 즐기는 독특한
투어. 특별 제작한 수륙양용 차량을 타고 주요 역사적
건축물과 랜드마크를 거쳐 마리나베이까지 둘러보며 도심의
스카이라인을 감상한다.
소요 시간 약 1시간 **출발 장소** 3 Temasek Blvd,
Suntec City Mall Tower 2 #01-K8
운행 10:00~18:00(매 시간 출발)
요금 일반 US$34~, 어린이 US$26~

EAT & DRINK

☑ BUCKET LIST **09**

조식부터 야식까지
푸짐하게!

대표 메뉴
완전 정복

호텔에서 제공하는 조식도 좋고
유명 레스토랑에서 즐기는 글로벌
파인 다이닝도 좋지만, 현지인이
즐기는 로컬 요리는 식도락 천국인
싱가포르를 경험할 수 있는 최적의
방법이다. 다양성과 전통을
바탕으로 독특한 맛과 비주얼을
자랑하는 현지 요리를 경험해보자.

카야 토스트 Kaya Toast
숯불이나 팬에 구운 토스트 또는 빵 조각에
버터와 카야 잼을 넉넉히 발라 만든다. 카야
잼은 코코넛과 달걀로 만든 전통 잼이다. 연유가
들어간 달콤한 코피(싱가포르식 커피)나 반숙
달걀과 함께 먹으면 환상의 맛이다.

추천 맛집	✓ 야쿤 카야 토스트 ▶ 2권 P.071
	✓ 킬리니 코피티암 ▶ 2권 P.084
	✓ 난양 올드 커피 ▶ 2권 P.070

나시 르막 Nasi Lemak
기본적으로 코코넛 밀크와 판단잎을 넣고 지은 밥에
이칸 빌리스ikan bilis라는 튀긴 멸치, 닭 다리, 땅콩,
오이, 달걀프라이, 매콤한 삼발
소스 등을 곁들인 원
플레이트 요리다. 언제
어디서든 가볍게 먹기
좋고 포장도 가능하다.

락사 Laksa
페라나칸 문화의 대표적인
요리로 코코넛 밀크와
향신료를 넣고 끓인
붉은색 국물에 면을 넣은
국수 요리. 매콤한 맛이
특징이며 새우 등 해산물을
토핑으로 많이 사용한다.

로티 파라타 Roti Paratha
인도식 아침 식사 메뉴로 잘 알려져
있으며 '파라타'라고 하는 반죽을
기름에 튀겨 보통 커리 소스를
찍어 먹는다. 바삭하면서도
부드러운 식감이 특징이며 버터를
사용해 고소한 맛이 난다.

푸짐한 점심 · 저녁 메뉴

치킨 라이스 Chicken Rice

싱가포르 국민 음식. 닭 육수를 넣어 지은 밥에 부드럽게 삶은 닭고기를 얹은 요리로 소박하고 담백한 맛이 특징이다. 호커 센터와 유명 레스토랑 등 어디에서나 먹을 수 있다.

프라이드 캐롯 케이크 Fried Carrot Cake

무, 달걀흰자, 쌀가루 등을 강한 불에 직화로 볶아내고 간장 소스로 맛을 낸 요리. 검은색을 띠며 우리의 떡과 비슷한 식감이라 거부감이 없다.

칠리 크랩 Chili Crab

싱가포르 미식의 아이콘으로, 살이 꽉 찬 크랩에 매콤 달콤한 칠리 소스로 맛을 낸 요리. 만터우와 함께 먹는 것이 싱가포르식이다.

▶ 추천 맛집 P.055

호키엔 미 Hokkien Mee

볶음면의 일종으로 쌀국수와 달걀로 만든 에그 면을 사용한다. 면과 새우, 돼지고기, 오징어, 달걀, 숙주 등을 함께 볶아내며 라임을 뿌려 먹는다. 새우 육수의 풍미가 느껴진다.

차콰이테오 Char Kuay Teow

길거리에서 많이 파는 볶음 쌀국수의 일종이다. 넓적한 쌀국수와 함께 새우, 달걀, 어묵, 콩나물 등을 강한 불에 빠르게 볶아낸다. 간장, 굴 소스, 달콤한 케찹 마니스kecap manis 소스를 함께 넣고 볶아 검은색을 띤다.

피시 헤드 커리 Fish Head Curry

싱가포르 인도 식당에서 시작된 로컬 요리. 인도 남부의 식재료인 커리와 생선 머리, 채소 등을 넣고 매콤하게 끓여낸다. 현재는 조리법이 다양해져 신맛이 나게 하거나 코코넛 밀크를 넣기도 한다.

바쿠테 Bak Kut Teh

중국계 현지인이 즐겨 먹는 요리. 돼지 뼈를 우려낸 국물에 각종 향신료와 갈빗대를 넣어 갈비탕과 비슷한 맛이 난다. 날씨가 더운 싱가포르에서 가볍게 먹는 보양식이다.

로작 Rojak

샐러드의 일종으로 달콤하면서도 짭짤한
맛이 난다. 말레이어로 '다양하게 잘
섞인'이란 뜻처럼 오이, 숙주 등 각종 채소와
과일을 잘라 소스를 넣고 섞는다. 여기에
땅콩과 생강 등을 고명으로 올려 낸다.

커리 퍼프 Curry Puff

밀가루 반죽에 닭고기, 감자, 양파, 콩 등을 넣어
만든 커리를 속 재료로 넣고 튀기거나 구운
파이의 일종. 뜨거워서 먹을 때 주의해야 한다.

티슈 파라타 Tissue Prata

밀가루 반죽을 얇게 펴서 기름에 굽는
일반 파라타보다 훨씬 얇게 만든다. 티슈처럼
가볍고 바삭한 질감이 특징이며 연유,
초콜릿 소스, 시럽 등을 뿌려 먹는다.

두리안 Durian

강렬한 향과 맛으로 유명한 '과일의 왕'으로
싱가포르에서 다양한 디저트에 활용한다.

테 타릭 The Tarik

홍차와 연유를 주재료로
만들며 거품이 특징인
달콤한 밀크티

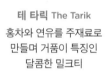

사탕수수 주스 Sugarcane Juice

신선한 사탕수수를 압착해 만드는
음료로 시원하고 달콤하다.

두유 Soya Bean Drink

콩을 갈아 만든 영양가 높은
전통 음료로, 따뜻하게
또는 차갑게 즐긴다.

마일로 다이노사우르
Milo Dinosaur

차가운 우유나 물에 마일로를
섞은 뒤 초콜릿 가루를 듬뿍
얹은 독특한 음료.

버블 티 Bubble Tea

타피오카 펄이나 여러 가지
토핑이 들어간 달콤한
밀크티로 맛도 다양하다.

반둥 Bandung
장미 시럽과 연유를 넣은,
밝은 분홍빛을 띠는
음료로 달콤한 맛이 난다.

첸돌 Chendol
전통적인 아이스 디저트로 코코넛 밀크,
팜 슈거 시럽, 녹색 젤리를 넣어 만든다.

소야 빈커드
Soya Beancurd
두유로 만든 부드러운
푸딩으로, 생강 시럽을
곁들여 먹는 전통 디저트다.

친 차우 그래스 젤리
Chin Chow Grass Jelly
허브로 만든 검은색 젤리를 시럽에
띄운 시원한 디저트 음료.

안줏거리와 술

사테 Satay
싱가포르의 대표적인 길거리 음식으로
닭고기, 소고기, 양고기 등을 대나무
꼬치에 꿰어 숯불에 구워낸다. 달콤하고
진한 땅콩 소스를 찍어 먹는다.

육포 Bak Kwa
달콤 짭짤한 바비큐 육포는 특히
중국 설날에 인기 있는 간식이다.
육포는 돼지고기나 소고기를 얇게
썰어서 양념해 말린 뒤 숯불 향을
입혀 구워서 만든다.

싱가포르 슬링 Singapore Sling
래플스 호텔 바텐더가 진을
베이스로 만든 칵테일로,
싱가포르 역사와 문화를
상징하는 대표적 음료가 되었다.

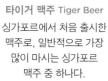

타이거 맥주 Tiger Beer
싱가포르에서 처음 출시한
맥주로, 일반적으로 가장
많이 마시는 싱가포르
맥주 중 하나다.

EAT & DRINK

☑ BUCKET LIST 10

입맛 따라 골라 먹는 재미

싱가포르 칠리 크랩

싱가포르는 섬나라답게 신선하고 맛 좋은 해산물 요리가 다양한데, 그중에서도
가장 인기 있는 것이 크랩 요리. 보통 '싱가포르 칠리 크랩'이라 부르는데 칠리
소스와의 절묘한 조화가 특징이다. 최근에는 블랙 페퍼, 갈릭 버터 등 다양한
맛의 크랩 요리도 인기를 끌고 있다. 싱가포르에 가면 고급스러운 레스토랑
혹은 저렴한 호커 센터 어디라도 좋으니 맛있는 칠리 크랩을 마음껏 즐겨보자.

맛도 취향도 다양하다
칠리 크랩 메뉴

칠리 크랩은 싱가포르에서 탄생한 크랩 요리로 만터우mántóu라고 하는 튀기거나 찐 번bun을 칠리 크랩 소스에 찍어 먹는 것이 일반적이다. 같은 칠리 크랩이라 해도 크랩 종류와 조리법에 따라 맛이 전혀 다르다.

싱가포르 칠리 크랩 Singapore Chili Crab

오리지널 칠리 크랩으로, 살이 꽉 찬 머드 크랩에 토마토와 칠리 소스, 전분을 넣고 볶은 뒤 마지막에 달걀을 풀어 넣는다. 매콤 달콤하면서도 짭짤한 맛과 부드러운 소스 맛이 특징이다.

블랙 페퍼 크랩 Black Pepper Crab

흑후추와 고추로 만든 소스를 넣어 조리하는, 최근에 인기를 끌고 있는 크랩 요리다. 오리지널 칠리 크랩보다 더 맵고 더 자극적이며 특히 여성들이 좋아한다.

갈릭 버터 크랩 Garlic Butter Crab

고소한 버터와 마늘이 주재료인 소스를 넣고 조리하는 크랩 요리. 버터의 부드럽고 고소한 맛과 통마늘의 알싸함이 특징이다. 게살의 담백함과 버터의 풍미가 잘 어우러지며 자극적이지 않다.

비훈 크랩 Bee Hoon Crab

가는 쌀국수의 일종인 비훈을 넣고 조리한 크랩 요리. 국물이 있는 스타일과 국물 없이 볶아내는 스타일이 있다. 토핑으로 고수를 올려 내며 게살과 내장, 국물을 함께 즐긴다.

크랩 종류와 시세

• 머드 크랩 Mud Crab
100g당 S$10~15

칠리 크랩을 만들 때 가장 많이 사용하는 크랩 종류로 껍질이 단단하다. 스리랑카, 인도 등지에서 수입해 '스리랑카 크랩'이라고도 부른다. 집게발이 크고 다리 살이 풍부하며 다리 외에는 살이 적다.

• 던저니스 크랩 Dungeness Crab
100g당 S$9~13

캐나다와 북미 지역에서 수입하는 크랩의 일종으로 집게발이 작다. 몸통의 살이 부드럽고 게살 맛이 풍부하며 주로 블랙 페퍼 크랩에 사용한다. 다른 크랩보다 가격이 저렴하다.

• 알래스카 크랩 Alaska Crab
100g당 S$28~33

다리가 긴 것이 특징으로 다리에 살이 많고 맛도 좋다. '킹크랩'으로 많이 불리며 일반 크랩에 비해 가격이 비싸다. 찐 게 요리나 블랙 페퍼 크랩에 주로 사용한다.

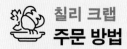
칠리 크랩 주문 방법

싱가포르를 대표하는 요리인 칠리 크랩을 내는 레스토랑이 많다. 주문 방법은 조금씩 다르지만 맛은 비슷하다. 크랩 전문 레스토랑에서 칠리 크랩을 주문하는 방법을 알아두자.

STEP 1

식당 선택과 사전 예약

인기 크랩 레스토랑은 대부분 예약해야 한다. 레스토랑 홈페이지나 구글맵에서 방문 날짜와 시간을 정해 예약한다. 호커 센터는 예약이 필요 없다.

STEP 2

크랩 종류 선택

크랩 요리는 크랩 종류에 따라 가격이 달라진다. 칠리 크랩에서 가장 많이 사용하는 크랩 종류는 머드 크랩이다.

STEP 3

크랩의 양과 조리법 선택

크랩 종류를 고른 후 원하는 양과 조리법을 선택한다. 칠리 크랩의 양은 보통 1인 400~500g, 2인 1kg 정도면 무난하다.

STEP 4

사이드 메뉴 주문

메인 크랩 요리를 정한 뒤에는 볶음밥, 딤섬, 만터우, 채소볶음 등 사이드 메뉴와 음료나 주류를 주문한다.

TIP! 칠리 크랩 식당 이용 시 알아두면 좋은 팁

- 물티슈는 따로 요금을 받는 경우가 많으니 미리 준비해 가면 좋다.
- 크랩은 크기가 크고 무거울수록 살이 많다.
- 레몬 물은 손 닦는 용도이니 마시지 않는다.
- 호커 센터는 음식값에 세금이 포함되어 있다(레스토랑은 불포함).

전문 레스토랑 vs 호커 센터
칠리 크랩 맛집 베스트

	전문 레스토랑	호커 센터
크랩	사이즈가 큼	사이즈가 작음
가격	2인 S$150~	2인 S$75~
사전 예약	필수	필요 없음
좌석	냉방이 된 쾌적한 실내석과 전망 좋은 야외석	냉방 시설이 없는 야외석이 대부분
서비스	직원들의 전문적인 서빙과 친절한 서비스	기본적으로 음식만 제공
장점	정통 칠리 크랩과 다양한 해산물 메뉴	합리적인 가격
단점	가격이 비싼 편이고 세금 및 봉사료 추가	냉방 시설이 없어 더운 환경

01 ·BEST· 점보 시푸드
Jumbo Seafood
▶ 2권 P.056

싱가포르에서 칠리 크랩으로 가장 잘 알려진 레스토랑. 신선한 머드 크랩에 시그니처 소스를 넣어 매콤 달콤한 맛이 특징이다. 특히 리버사이드점은 야외 테라스에서 식사할 수 있다.

02 ·BEST· 팜 비치 시푸드 레스토랑
Palm Beach Seafood Restaurant
▶ 2권 P.033

훌륭한 음식과 멋진 전망을 모두 갖춘 레스토랑. 마리나베이 샌즈를 바라보며 칠리 크랩을 맛볼 수 있는 테라스 좌석이 있어 여행자들이 싱가포르 여행에서 절대 빠뜨리지 않는 곳이다.

03 ·BEST· 뉴턴 푸드 센터
Newton Food Centre

다양한 해산물 요리를 내는 식당이 많고 합리적인 가격에 칠리 크랩을 맛볼 수 있는 호커 센터로 현지인과 관광객 모두에게 인기 있는 곳이다.

04 ·BEST· 마칸수트라 글루턴스 베이
Makansutra Gluttons Bay
▶ 2권 P.034

마리나베이 샌즈가 잘 보이는 산책로 앞 호커 센터. 가성비 좋은 칠리 크랩으로 유명한 곳은 '홍콩 스트리트 올드 춘키'다.

EAT & DRINK

☑ BUCKET LIST **11**

싱가포르인이 사랑하는

호커 센터

'호커hawker'는 원래 길거리에서 음식을 파는 사람 또는 노점상을
뜻한다. 하지만 싱가포르 정부가 위생 관리를 이유로 노점상을 한데 모아
만든 골목 식당을 호커스 또는 호커 센터라고 부르게 되었다. 호커 센터는
지역마다 하나씩 있을 정도로 대중화되어 있다. 더욱이 물가가 비싼
싱가포르에서 호커 센터만큼 다양한 음식을 저렴하게 먹을 수 있는 곳도
없다. 오랜 역사를 자랑하는 싱가포르만의 독특한 식문화를 체험해보자.

'마칸makan'은 말레이어로
식사라는 뜻이지만
싱가포르에서는 호커
센터를 의미하기도 해요.

어떻게 다를까
호커 센터 & 일반 레스토랑

싱가포르 음식 문화에서 가장 돋보이는 부분은 호커 센터다. 여행자에게는 다소 낯설지만 싱가포르 현지인은 매일 부담 없는 가격에 다양한 음식을 먹을 수 있어 집밥처럼 자주 찾는 곳이다. 호커 센터와 일반 레스토랑이 어떻게 다른지 알아보자.

	호커 센터	일반 레스토랑
장점	⊕ 가격이 저렴하다. ⊕ 세금과 봉사료가 추가되지 않는다. ⊕ 다양한 음식을 골라 먹을 수 있다. ⊕ 현지 분위기를 느낄 수 있다. ⊕ 브레이크 타임이 없다.	⊕ 호커 센터보다 깔끔한 편이다. ⊕ 보통 냉방 시설을 갖춰 쾌적하다. ⊕ 신용카드, 각종 페이로 결제 가능하다.
단점	⊖ 조금 덜 깔끔하다. ⊖ 대부분 냉방 시설이 없어 덥다. ⊖ 현금 결제만 가능한 곳이 많다. ⊖ 정해진 자리가 없다.	⊖ 가격이 비싼 편이다. ⊖ 보통 19% 세금과 봉사료가 추가된다. ⊖ 규모가 작은 경우 웨이팅 필수다.
이용 방법 및 주문하기	정해진 카운터 혹은 매장에서 주문 후 직접 음식을 받아 온다. 보통 진동 벨을 준다.	직원 또는 키오스크로 주문하면 직원이 음식을 가져다준다.

호커 센터 위생 등급

싱가포르 식품청은 위생 기준에 얼마나 부합하느냐에 따라 A~D등급으로 나누어 각 매장에 등급을 부여한다. 각각의 등급은 색상과 알파벳으로 표시한다. 매장 입구 혹은 잘 보이는 위치에 위생 등급이 표시된 허가증이 걸려 있다.
A등급 우수 B등급 양호
C등급 보통 D등급 개선 필요

 푸드 코트도 있어요 ▶ 2권 P.087

호커 센터는 노점 형태이지만 푸드 코트는 주로 쇼핑몰이나 백화점 안에 있다. 호커 센터보다 푸드 코트가 더 위생적이며 가격도 조금 높다. 싱가포르의 대표적인 푸드 코트로는 푸드 리퍼블릭, 코피티암, 푸드 오페라, 푸드 정션이 있다.

현지인의 식사를 책임지는
호커 센터 이용 방법

싱가포르 전역에 자리한 호커 센터 이용 방법은 대체적으로 비슷하다. 호커 센터 방문 시 알아두면 쓸모 있는 이용법을 살펴보자.

자리 잡기 ➡️

빈 테이블을 찾아 자리가 있다는 표시로 테이블 위에 티슈나 물티슈 등을 올려놓고(귀중품은 금지) 주문하러 간다.

주문 및 결제 ➡️

식당을 선택해 메뉴를 주문하고 결제한다. 보통 결제 후 진동 벨을 주는데 자리로 와서 음식이 나오기를 기다린다.

음식 픽업 ➡️

진동 벨이 울리면 해당 식당으로 찾아가서 음식을 받아 온다. 요리에 따라 직원이 직접 자리로 가져다 주기도 한다.

식사 및 정리

호커 센터에 따라 식사 후 처리 방법이 다르다. 본인이 직접 정해진 장소에 식기를 반납하는 경우도 있고, 식기를 치워주는 직원이 따로 있는 경우도 있다.

TIP! 호커 센터 처음 이용 시 알아둘 것

- ✔️ 식당에 따라 줄을 서야 하는 경우가 있다. 'Que' 또는 'Q' 표시가 있는 곳에 줄을 선다.
- ✔️ 줄이 긴 곳일수록 현지인에게 인기가 많을 가능성이 높다.
- ✔️ 현금 결제만 가능한 곳이 많으므로 현금을 준비해 간다.
- ✔️ 물티슈나 휴지는 제공하지 않으니 개별적으로 준비한다.
- ✔️ 식당 이름보다는 식당 번호로 찾는 편이 빠르다. 인기 식당의 번호를 미리 체크해둔다.
- ✔️ 음료 코너는 따로 운영하며 자판기를 이용해도 된다.

싱가포르 도심의 인기 호커 센터

현지인과 관광객 모두 이용하는
맥스웰 푸드 센터 ▶ 2권 P.068

인기도 ★★★★ **위치** 차이나타운 **운영** 07:00~02:00

추천 맛집

10~11번 **티안 티안 하이난 치킨 라이스**
Tian Tian Hainanese Chicken Rice
대표 메뉴 치킨 라이스

54번 **젠 젠 포리지** Zhen Zhen Poridge
대표 메뉴 죽

저렴한 칠리 크랩으로 유명한
뉴턴 푸드 센터

인기도 ★★★ **위치** 오차드로드 **운영** 12:00~02:00

추천 맛집

27번 **얼라이언스 시푸드** Alliance Seafood
대표 메뉴 칠리 크랩, 시리얼 새우

31번 **31 헹 헹 바비큐** 31 Heng Heng BBQ
대표 메뉴 칠리 크랩, 블랙 페퍼 크랩

낮엔 빌딩 숲에서, 저녁엔 야외에서
라우 파 삿 ▶ 2권 P.036

인기도 ★★★★ **위치** 마리나베이 **운영** 24시간

추천 맛집

10번 **셍 키 로컬 딜라이츠** Seng Kee Local Delights
대표 메뉴 프라이드 캐롯 케이크, 호키엔 미

61~62번 **리리 홍 마라샹궈** Ri Ri Hong Mala Xiang Guo
대표 메뉴 마라탕, 마라샹궈

관광객에게 인기 만점
마칸수트라 글루턴스 베이 ▶ 2권 P.034

인기도 ★★★ **위치** 마리나베이 **운영** 16:00~23:00
(주말은 15:00부터, 금·토요일은 23:30까지)

추천 맛집

홍콩 스트리트 올드 춘키 Hong Kong Street Old Chun Kee
대표 메뉴 칠리 크랩, 블랙 페퍼 크랩

비비 키아 스팅레이 BB Kia Stingray
대표 메뉴 칠리 크랩

인기도 ★★ **위치** 리틀인디아 **운영** 06:30~21:00

추천 맛집

261번 **사마드 테카 덤 브리야니**
Samad's Tekka Dum Briyani
대표 메뉴 인도 커리, 브리야니

281번 **아이야 인디언 푸드** Ayya Indian Foods
대표 메뉴 인도 마살라

305번 **올드 아모이 첸돌** Old Amoy Chendol
대표 메뉴 첸돌

'찐' 현지 스타일
테카 센터 ▶ 2권 P.101

EAT & DRINK

맛과 향을 담은 시간 여행

코피티암

싱가포르 거리를 걷다 보면 어김없이 마주치게 되는 향긋한 커피 향.
그 향기를 따라가다 보면 색다른 분위기와 메뉴를 갖춘 카페가 나온다.
싱가포르 전통 커피 문화의 아이콘이자 싱가포르에서만 경험할 수 있는
맛과 향의 시간 여행이 가능한 코피티암Kopitiam에 대해 알아보고 맛있는
커피도 한잔 즐기자.

싱가포르의 커피 문화
코피티암 제대로 알아보기

코피티암은 1900년대 초 중국 이민자들에 의해 시작되어 싱가포르의 일상 문화로 자리 잡았다.
단순한 카페를 넘어 지역 주민들의 만남의 장소이자 커뮤니티 센터 역할도 한다.

> 코피티암은 '커피'를
> 뜻하는 말레이어
> 'kopi'와 '상점'을 뜻하는
> 호키엔어 'tiam'의
> 합성어로 싱가포르의
> 전통적인 커피 하우스를
> 의미해요.

코피티암의 특징

분위기	카페보다 더 캐주얼하고 소박한 분위기다.
메뉴	커피와 카야 토스트, 치킨 라이스, 락사 등 싱가포르 음식도 판매한다.
가격	일반 카페보다 훨씬 저렴하다.
문화적 경험	싱가포르의 전통과 현대가 공존하는 문화를 느낄 수 있다.
기념품 판매	가게의 시그너처인 카야 잼, 인스턴트커피, 쿠키 등을 판매한다.

KOPITIAM MENU

코피티암만의 독특한 커피 메뉴

KOPITIAM MENU

코피 Kopi
블랙커피에 설탕과
가당 연유를 넣은 것

코피 오 Kopi O
블랙커피에
설탕만 넣은 것

코피 시 Kopi C
블랙커피에 설탕,
무가당 연유를 넣은 것

테 타릭 Teh Tarik
홍차에
연유를 넣은 것

테 오 Teh O
홍차에
설탕을 넣은 것

테 시 Teh C
홍차에 설탕,
무가당 연유를 넣은 것

코송 Kosong
설탕을 뺀다는 의미

다 바오 Da Bao
봉지 형태로 포장한다는 의미

펭 Peng
아이스를 의미

설탕 Sugar
물 Water
커피 Coffee
홍차 The
가당 연유 Condensed Milk
무가당 연유 Evaporated Milk

아침 식사는 여기서
싱가포르 인기 체인 코피티암

토스트 박스 Toast Box

싱가포르 2대 프렌차이즈 코피티암 중 한 곳으로 지점이 많다. 카야 잼을 바른 토스트와 반숙 달걀, 커피로 맛있는 아침을 부담 없이 즐길 수 있다.
위치 오차드로드, 차이나타운, 시티 홀 등

야쿤 카야 토스트 Ya Kun Kaya Toast
▶ 2권 P.071

토스트 박스와 어깨를 나란히 하는 곳이다. 토스트에 커피나 티가 포함된 세트 메뉴 종류가 다양하다. 카야 잼도 판매한다.
위치 차이나타운, 마리나베이, 오차드로드 등

킬리니 코피티암 Killiney Kopitiam
▶ 2권 P.084

깔끔한 분위기의 매장 인테리어가 특징이다. 토스트 세트 외에 나시 르막, 락사 등 간단히 끼니를 해결하기 좋은 식사 메뉴가 다양하다.
위치 오차드로드, 부기스 스트리트, 보트 키 등

난양 올드 커피 Nanyang Old Coffee
▶ 2권 P.070

현지에서 인기 있는 커피 숍으로 가장 현지 분위기가 물씬 나는 코피티암이다. 싱가포르 전통 커피 메뉴가 다양하고 간단한 식사 메뉴도 있다.
위치 차이나타운, 마리나베이 등

 STORY 난양 커피를 아시나요?

난양 커피Nanyang coffee는 싱가포르 전통 커피를 의미합니다. '난양'은 중국어로 '남쪽 바다'를 뜻하며 동남아시아 지역을 가리키는 말로 사용되었어요. 난양 커피는 주로 로부스타 원두를 사용하며 설탕과 마가린을 넣어 고온에서 로스팅합니다. 로스팅 과정에서 원두가 캐러멜화되어 특유의 풍미가 생기는 것이 특징이에요. 또 면포나 플란넬 필터로 추출하는 방식이라 커피가 진한 편입니다.

나를 위한 달콤한 사치
애프터눈 티 & 카페 투어

한때 영국 식민지였던 싱가포르는 영국의 애프터눈 티 문화가
그대로 남아 있다. 특히 고급 호텔에는 대부분 호화로운
애프터눈 티 메뉴가 있어 눈과 입을 즐겁게 한다.
카페 투어 마니아라면 싱가포르를 대표하는 카페들도 놓치지
말자. 예산과 취향에 맞춰 애프터눈 티를 즐기거나 힙한
카페에서 달콤한 휴식 시간을 보낸다.

코트야드 The Courtyard
싱가포르의 호텔 애프터눈 티로 가장 유명한
곳이다. 풀러턴 호텔 싱가포르 내에 있어 우아한
분위기에서 여유롭게 차와 디저트를 즐길 수 있다.
티는 TWG 제품을, 커피는 바샤 커피를 사용한다.
♥ 시티 홀
요금 애프터눈 티 2인 세트 S$136 ※봉사료+세금 19% 별도

로비 라운지 The Lobby Lounge
콜로니얼풍으로 꾸민 인터콘티넨탈 호텔의
고급스러운 분위기에서 티타임을 즐기며 쉬어
가기에 완벽하다. 정석에 가까운 정통 애프터눈 티
코스와 비건을 위한 애프터눈 티 코스도 있다.
♥ 부기스
요금 애프터눈 티 2인 세트 S$228 ※봉사료 10% 별도

매디슨스 Madison's
풀만 싱가포르 힐 스트리트에 자리한 카페로 호텔
카페치고 가성비가 좋다. 달콤한 맛과 짭조름한
맛으로 구성된 애프터눈 티 메뉴가 있다. 다양한
핑거 푸드와 딜마Dilmah 티를 제공한다.
♥ 시티 홀
요금 애프터눈 티 2인 세트 S$88 ※봉사료+세금 19% 별도

TWG ▶ 2권 P.086
싱가포르 대표 티 브랜드. 전 세계에서 공수한
최상급 티와 마카롱, 초콜릿 등의 디저트를
판매한다. TWG만의 세련된 식기에 내는 차와
디저트, 브런치를 즐길 수 있어 여성들에게 특히
인기가 좋다.
♥ 마리나베이, 시티 홀, 오차드로드
요금 애프터눈 티 2인 세트 S$92~ ※봉사료+세금 19% 별도

바샤 커피 Bacha Coffee ▶ 2권 P.086
100% 아라비카 원두만 200종에 달하는 라인업을
자랑하는 싱가포르 프리미엄 커피 브랜드. 화려한
인테리어는 물론 여심을 저격하는 서비스와 분위기
덕분에 뜨거운 인기를 얻고 있다. 테이크아웃 커피
용기조차 화려하고 예뻐서 인증샷은 필수.
♥ 마리나베이, 오차드로드
요금 커피 S$11, 베이커리 S$11 ※봉사료+세금 19% 별도

SHOPPING

쇼핑 천국에서 가방을 두둑이!

마트 아이템 총정리

간식 · 식료품

싱가포르 락사 라 미엔
4pc S$12.20~

송파 바쿠테 소스
S$26.50

칠리 크랩 소스
S$13~

하이난 치킨 라이스 믹스 소스
S$2.10~

글로리Glory 카야 잼
S$2.90~

머라이언 모양 밀크 초콜릿
S$9.30~

OWL 믹스 커피
S$5.50~

히말라야 솔트 라임꿀 맛
S$0.90~

인스턴트 코피 라테
S$11.90~

킨더Kinder 초콜릿
S$3.20~

머라이언 초콜릿
S$3.90~

어빈스Irvins 과자
S$9~

싱가포르는 여러 문화가 공존하는 곳으로 기념품을 비롯해 다양한 아이템을 가방 가득 담아 가기 좋다. 여행자들이 주로 찾는 대형 쇼핑센터와 슈퍼마켓 등에서 판매하는 인기 아이템을 살펴보고 즐거운 쇼핑에 나서보자.

아기자기한 기념품

텀블러
S$15.90~

스티커
S$1.70~

머그컵
S$20~

마그넷
S$2~

코스터
S$6.90~

머라이언상 보석함
S$13.90

스노볼
S$8.50

통헝Tong Heng 에그 쿠키
S$13.90

싱가포르 코피 기념품
S$12.90~

야쿤 카야 잼
S$6.80

펙신춘 차
S$39.90

벵가완 솔로Bengawan Solo 쿠키
S$27.50

배쓰앤바디웍스 핸드크림
S$10

히말라야 페이스 워시 폼
S$15

히말라야 립밤
S$4.50

AT THE BEACH

히말라야 스킨 크림
S$12~

배쓰앤바디웍스 핸드 솝
S$15

타이거밤 모기 퇴치 패치
S$8.70

WINTER CANDY APPLE

배쓰앤바디웍스 미스트
S$15

타이거밤 레드 연고
S$6.40

타이거밤 모기 퇴치 스프레이
S$8.80

이곳에서 구입하자!
싱가포르 마트

무스타파 센터 Mustafa Centre ▶▶ 2권 P.102

싱가포르 리틀인디아에 위치한 24시간 운영하는 대형 쇼핑센터. 중국, 인도, 말레이 등 다양한 나라의 제품을 갖추고 있으며 그 수가 무려 30만 가지 이상이라고 알려져 있다. 싱가포르 기념품은 물론 식료품, 의류, 전자 제품, 기념품 등 다양한 물건을 아주 저렴하게 판매해 여행자들의 쇼핑 명소로 통한다.

페어프라이스 FairPrice

싱가포르에서 가장 큰 슈퍼마켓 체인 중 하나로 상권에 따라 대형 슈퍼마켓, 프리미엄 슈퍼마켓, 일반 슈퍼마켓, 편의점 등 다양한 형태로 운영한다. 여러 나라 제품을 폭넓게 취급하며 할랄 푸드halal food 등 무슬림을 위한 제품도 있다. 다양한 할인 행사와 프로모션을 진행해 가성비 좋은 쇼핑에 최적이다.

콜드 스토리지 Cold Storage

싱가포르의 대표적인 다국적 슈퍼마켓 체인으로 싱가포르에서 가장 오래된 슈퍼마켓 운영업체다. 고급 식품을 전문으로 하며 유기농 제품, 고급 수입 식품, 다양한 외국 브랜드를 취급한다. 온라인 판매도 하며 전반적으로 페어프라이스에 비해 가격이 조금 비싸다. 매장은 깔끔하고 현대적인 분위기다.

페어프라이스 파이네스트 FairPrice Finest

페어프라이스보다 좀 더 세련된 쇼핑 경험을 원하는 소비자를 위한 고급 슈퍼마켓이다. 유기농 제품, 수입 식품, 다국적 식재료, 고급 가공식품 등을 갖추었다. 쇼핑과 함께 식사가 가능한 공간도 있다. 합리적인 가격에 주류와 음료, 식사 메뉴를 갖춘 그로서 바The Grocer Bar가 특히 인기가 좋다.

TIP! 싱가포르 편의점

싱가포르에도 24시간 연중무휴로 운영하는 편의점이 있는데 세븐일레븐과 치어스Cheers가 대표적이다. 물가 비싼 싱가포르에서 편의점 상품 역시 가격대가 높은 편이라 쇼핑을 하러 일부러 찾아갈 정도는 아니지만 간단한 음료와 스낵, 인스턴트식품 등을 손쉽게 구입할 수 있다.

SHOPPING

싱가포르 현지 감성을 담은
인기 로컬 브랜드

싱가포르에서는 전 세계 다양한 브랜드가 소비된다. 그중 여행자에게 인기 있고 매력적인 로컬 브랜드 위주로 살펴보았다. 국내에도 유통되는 브랜드이지만 싱가포르에서는 좀 더 저렴하고 다양한 제품을 만날 수 있다. 브랜드 아이템은 각 매장에서 구입 가능하다.

TWG

제이드 드래곤 티
Jade Dragon Tea
S$48

프렌치 얼그레이 티 젤리
French Earl Grey Tea Jelly
135g S$15

화이트 얼그레이 센티드 캔들
White Earl Grey Scented Candle
S$100

찰스턴 티폿Charleston Teapot
350ml S$108

골든 테디 기프트 세트
Golden Teddy Gift Set
S$63

크렘 캐러멜 티
Crème Caramel Tea
S$30

그랜드 웨딩 티
Grand Wedding Tea
S$46

화이트 스카이 티White Sky Tea
20g S$17

바샤 커피
Bacha Coffee

커피 잔 & 소서
S$33

커피 필터
S$15

커피 머그 & 리드
S$40

커피 아워 기프트 세트
S$62

캔들
S$62

실버 보관 통(라운드형)
S$26

커피 원두
S$15

찰스앤키스
Charles & Keith

스트랩 샌들
S$49.90

토트백
S$79.90

포켓 숄더백
S$89.90

지갑
S$39.90

래플스 부티크
Raffles Boutique

숄더백
S$145

에코백
S$82

모자
S$28

도어맨 인형
S$39.90

티 거름망
S$32

머그컵
S$35

마그넷
S$17

쿠션 커버
S$69

그림엽서
S$13.60

피넛버터 잼
S$13

내 스타일에 맞는 쇼핑 플레이스 찾기

고급 의류나 잡화, 화장품 쇼핑을 원한다면
아이온 오차드, 파라곤, 숍스 앳 마리나베이 샌즈

오차드로드에서 대표적인 쇼핑몰은 아이온 오차드와 파라곤이다. 명품 브랜드부터 중저가 브랜드까지 구색이 잘 갖춰져 있으며 레스토랑, 카페도 많다. 마리나베이 샌즈 내 숍스 앳 마리나베이 샌즈에도 다양한 브랜드와 식당, 엔터테인먼트 시설이 있다.

한번에 각종 기념품을 대량으로 사고 싶다면
차이나타운, 무스타파 센터

차이나타운에는 S$1~2 정도로 저렴한 기념품을 판매하는 상점이 모여 있다. 무스타파 센터는 싱가포르 기념품을 비롯해 간식, 과자, 카야 잼 등 없는 게 없는 만물상 같은 쇼핑센터다.

여행 중 필요한 물건이나 간식을 구입하고 싶다면
페어프라이스, 콜드 스토리지 등 체인 슈퍼마켓

대형 슈퍼마켓으로 주요 쇼핑몰에 입점해 있다. 다양한 식재료와 과일, 인스턴트식품, 주류는 물론 기념품으로 사기 좋은 카야 잼, 라면, 과자 등 여행자들에게 인기 있는 아이템도 다양하다.

개성 있고 트렌디한 기념품을 찾는다면
디자인 오차드, 래플스 부티크

오차드로드에 있는 디자인 오차드는 싱가포르 로컬 디자인 브랜드의 제품을 모아놓아 희소성 있고 독특한 디자인의 제품이 많다. 래플스 호텔에서 운영하는 래플스 부티크도 싱가포르의 색깔이 잘 녹아든 기념품, 카야 잼, 쿠키, 굿즈 등을 판매한다.

어린이용 기념품을 구입하고 싶다면
포럼 쇼핑몰, 비보시티, 유니버설 스튜디오 싱가포르

오차드로드의 포럼 쇼핑몰, 하버프런트의 비보시티, 센토사섬 내 유니버설 스튜디오 싱가포르를 추천한다. 비보시티에는 아이들이 좋아하는 놀이 공간도 있다. 유니버설 스튜디오 싱가포르에서는 장난감을 비롯해 캐릭터와 관련한 다양한 굿즈를 판매한다.

> **❗ 싱가포르 쇼핑 시 GST 환급**
> 싱가포르를 방문하는 해외 관광객은 싱가포르에서 쇼핑할 때 GST(부가가치세) 환급 제도를 활용할 수 있다. 싱가포르 내 환급 대상 매장에서 S$100 이상 구매해야 하며, 8%의 세금을 환급받을 수 있다. 환급받을 때 구매 영수증이 필요하니 잘 보관해둔다. 환급은 출국 시 창이 국제공항 출국장 내 무인 키오스크(제1~4터미널)를 이용하면 된다.
> ※싱가포르의 GST는 2024년 9% 인상되었지만 관광객의 GST 환급은 8%다.

SLEEPING

본전 뽑는 달콤한 하룻밤

마리나베이 샌즈 호캉스

마리나베이 샌즈는 단순히 잠을 자고 쉬는 호텔이 아닌, 하나의 거대한
테마파크 같은 경험을 제공하기 때문에 일부러 찾아가는 사람이 많다.
독특한 건축양식과 럭셔리함, 다양한 시설과 엔터테인먼트, 환상적인 전망과
세계적으로 유명한 인피니티 풀까지 매력이 넘쳐난다. 단 하루를 묵더라도
이곳의 모든 시설을 최대한 활용하며 잊지 못할 호캉스를 즐겨보자.

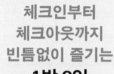

체크인부터
체크아웃까지
빈틈없이 즐기는
1박 2일

15:00
인피니티 풀 이용

18:00
숍스 앳
마리나베이 샌즈에서
쇼핑

12:00
호텔 체크인

13:00
와쿠다 또는
지하 푸드 코트에서 점심 식사

14:00
객실에서 휴식

17:00
스카이파크에서 전망 감상

19:00
스파고 다이닝 룸 또는
푸드 코트에서 저녁 식사

22:00
루프톱 바에서
칵테일 한잔

다음 날
06:00
스카이파크
요가

08:00
인피니티
풀에서
아침 수영

11:00
체크아웃

07:00
아침 식사 후
객실에서 휴식

21:00
스펙트라 감상

TIP! **간편한 체크인! 모바일 앱 활용법**
마리나베이 샌즈 모바일 앱을 활용해 빠르고 편리하게
체크인한다. 앱을 통해 도착 전 신분증 인증을
완료하면 호텔에 도착해 즉시 체크인이 가능하다.
체크인은 오전 6시부터 시작인데 이른 시간에 도착해
호텔 시설을 최대한 이용한다. 단, 얼리 체크인은
예약한 객실 타입과 호텔 상황에 따라 달라진다.

57F 인피니티 풀

마리나베이 샌즈 호텔 57층에 위치한 200m 길이의 루프톱 인피니티 풀은 마리나베이 샌즈 호텔 투숙객만 이용할 수 있는 특권이자 가장 큰 매력 중 하나다. 풀에서 바라보는 싱가포르 시티 전망은 가히 압도적이다. 인피니티 풀은 16세 이상만 이용 가능하며 키즈 풀은 별도로 마련되어 있다. 풀사이드 주변으로 선베드가 배치되어 있고 음료, 식사를 주문해서 먹을 수도 있다. 매주 화요일(오전 7시 30분)과 수요일(오후 5시 30분)에는 투숙객만 참여할 수 있는 아쿠아핏 프로그램을 무료로 진행하는데, 참여하려면 최소 24시간 전에 예약해야 한다.

인피니티 풀 입장 방법

인피니티 풀이 위치한 57층까지 엘리베이터로 이동하는데
타워에 따라 엘리베이터 환승 층이 다르다.
타워 1 22층에서 환승해 57층으로 이동 **타워 2** 55층에서 환승해 57층으로 이동
타워 3 34층에서 환승해 57층으로 이동

주의 사항

- 인피니티 풀은 호텔 투숙객을 위한 시설로 57층에서
  객실 카드 키를 스캔하고 입장한다.
- 인피니티 풀을 이용할 때는 반드시 수영복을 착용해야 한다.
- 인피니티 풀 이용 시간은 오전 6시부터 밤 12시까지.
- 기본적으로 타월과 생수를 제공한다.
- 1인 1 카드 키만 이용 가능하다. 객실 카드 키 1개로
  투숙객 2명이 입장할 수 없다.

B2F 카지노

3000대 이상의 슬롯머신을 갖춘 마리나베이 샌즈의 카지노는 21세 미만은 입장 불가하며, 관광객의 경우 여권을 제시해야 입장할 수 있다.

투숙객을 대상으로 한 혜택

✓ 스카이파크 무료 클래스

모든 클래스는 최소 시작 48시간 전에 예약해야 한다. 악천후로 취소될 경우 클래스 시작 30분 전까지 수강생들에게 알려준다. 노쇼no-show 또는 수업 시작 24시간 내 취소 시에는 수수료가 부과된다.

월요일	화요일	수요일	목요일	금요일	토요일
하타 요가	필라테스	반야사 요가	소리 명상	필라테스	소울 플로
07:30	07:30	07:30	07:30	07:30	07:30

1F & 57F 파인다이닝

마리나베이 샌즈 내 다양한 파인다
이닝 중 미슐랭 1스타 셰프 와쿠다
데쓰야가 운영하는 1층에 자리한
와쿠다Wakuda는 런치 메뉴가 인기 있다. 또 볼프강 퍽의
스파고 다이닝 룸Spago Dining Room은 호텔 57층에서 도시
전망을 감상하며 식사를 할 수 있어 찾는 사람이 많다.

56F 스카이파크 전망대

호텔 최상층에 위치한 전망대로,
투숙객은 물론 입장권을 구매하면
일반인도 이용할 수 있다. 싱가포르의
멋진 전경을 감상할 수 있는 뷰 포인트.

55F 반얀 트리 스파

전신 마사지, 페이셜 관리 등
체계적이고 다양한 트리트먼트를
제공한다. 사전 예약 시 호텔
투숙객이 아닌 경우도 이용
가능하다. 단, 현재 보수 공사
중이다.

B2F 디지털 라이트 캔버스

아이들이 무척 좋아하는 곳으로, 종이에
그림을 그려서 제출하면 넓은 디지털
캔버스에 띄워준다. 푸드 코트도 있어
식사를 즐기면서 시간을 보내기 좋다.

B2F 삼판 라이드

무역이 융성하던 시절, 싱가포르강을 가득 메웠던 나무 배에
서 영감을 받아 제작한 아름다운 삼판 라이드를 타고 운하를
따라 여유를 즐길 수 있다. 22m 너비의 빗물 저장고에서
매 시간 2만 2000리터의 물이 운하로
흘러든다. 13세 이하 어린이는
부모 동반이 필수이며 키 85cm
이하는 탑승 불가다.

✓ 마리나베이 샌즈 멤버십 혜택

마리나베이 샌즈에 묵
을 계획이라면 사전에
멤버십에 가입해 각종
혜택을 누린다. 등급에
따라 호텔, 다이닝, 쇼
핑, 부대시설 등을 이
용할 때 10~30% 할인 또는 무료 혜택을 받을 수 있다.
자세한 사항은 홈페이지를 참고할 것.

✓ 체크아웃 후 이용 가능 여부 체크

마리나베이 샌즈 호텔
의 체크아웃 시간은 오
전 11시. 하지만 객실
상황에 따라 체크아웃
후에도 인피니티 풀과
샤워 시설을 이용할 수
있으니 체크아웃 이후 시간이 남는다면 데스크에 문의
해보자.

SLEEPING

5성급 호텔부터 독특한 부티크 호텔까지

싱가포르 추천 호텔

	마리나베이 샌즈 호텔 ▶ P.078	만다린 오리엔탈 싱가포르 ▶ P.080	풀만 싱가포르 힐 스트리트 ▶ P.082
숙소 유형	대형 호텔	대형 호텔	중형 호텔
위치	마리나베이	마리나베이	시티 홀
가는 방법	MRT 베이프런트역	MRT 에스플러네이드역	MRT 시티 홀역
가격대	$$$	$$$	$$
추천 동행	모든 여행자	커플, 허니문	커플, 싱글
공항과의 거리	16km	16km	17km
객실 종류	샌즈 프리미어, 스위트	디럭스, 클럽, 패밀리, 스위트	슈페리어, 패밀리, 디럭스, 스위트, 풀빌라 등
클럽 라운지	있음	있음	있음
객실 전망	가든, 마리나베이	마리나베이, 도심	도심
수영장 개수	1개	1개	2개
루프톱	있음	없음	있음
호텔 내 추천 레스토랑	라이즈, 스파고 다이닝 룸, 와쿠다	엠부Embu, 돌체 비타Dolce Vita	매디슨스, 엘 치도El Chido
조식	뷔페	뷔페	뷔페
체크인/체크아웃	15:00/11:00	15:00/12:00	15:00/12:00
주변 편의 시설	★★★	★★★	★★★
유아 정책	유아용(0~2세) 침대 무료, 13세 이상은 일반 요금	유아용(0~2세) 침대 무료, 13세 이상은 일반 요금	유아용(0~2세) 침대 무료, 12세 이상은 일반 요금

싱가포르는 호텔 숙박비가 다른 여행지에 비해 비싼 편이라 숙소 선택이 무척 중요하다.
싱가포르의 인기 호텔을 비롯해 편리한 위치, 숙소 내 부대시설까지 가격 대비 만족도가 높은 호텔을
골라보았다. 어느 숙소에 묵을지 결정하기 어렵다면 숙소별 주요 특징을 살펴보고 나의 여행 패턴과
비교해보면 도움이 될 것이다. 예산, 타입, 부대시설 등을 살펴보자.

> 숙박 요금 $: S$100 이상 | $$: S$300 이상 | $$$: S$500 이상
> 주변 편의 시설 ★ 조금 있음 | ★★ 적당히 있음 | ★★★ 많음

호텔 포트 캐닝 ▸ P.084	풀러턴 호텔 싱가포르 ▸ P.086	웨어하우스 호텔 ▸ P.088	원더러스트 바이 더 언리미티트 컬렉션 ▸ P.090
중형 호텔	대형 호텔	소형 호텔	소형 호텔
포트 캐닝 파크	보트 키	로버트슨 키	리틀인디아
MRT 포트 캐닝역	MRT 래플스 플레이스역	MRT 해블록역	MRT 잘란 베사르역
$$	$$$	$$	$
모든 여행자	커플, 허니문	커플, 싱글	커플, 싱글
13.5km	20.9km	14.5km	16km
디럭스, 스튜디오 스위트	클럽, 스위트	리버 뷰, 로프트	디럭스, 스튜디오
없음	있음	없음	없음
가든	도심	도심, 강	도심
2개	1개	1개	없음(소형 야외 자쿠지)
없음	있음	없음	없음
살롱Salon, 티세탄타 라운지	제이드Jade, 타운Town	포Po	없음
뷔페	뷔페 & 단품	단품	불포함
15:00/12:00	15:00/12:00	14:00/12:00	15:00/12:00
★★	★★★	★★	★★
객실마다 다름, 호텔 문의 필수	유아용(0~2세) 침대 무료, 12세 이상 1박당 S$118.80	객실마다 다름, 호텔 문의 필수	유아 침대 제공하지 않음

마리나베이 샌즈 호텔
Marina Bay Sands Hotel

싱가포르의 랜드마크로 2010년에 개장한 독특한 디자인의 5성급 통합 리조트다. 3개의 55층 타워로 이루어진 이곳은 세계에서 가장 높은 인피니티 풀을 비롯해 다양한 시설을 갖추었으며 2025년 초에 객실을 리뉴얼했다. 각 타워는 스카이파크로 연결되어 있고 마리나베이 샌즈는 단순한 숙박 시설을 넘어 카지노, 고급 레스토랑, 쇼핑몰, 극장 등 다양한 엔터테인먼트와 문화적 경험을 제공한다. 호텔에는 스위트룸을 포함한 총 2300여 개의 객실이 있으며, 각 객실에서는 대형 창문을 통해 도시 전경이나 마리나베이의 아름다운 경치를 감상할 수 있다. 스위트룸은 넓은 공간과 고급스러운 욕실, 전용 발코니를 갖추어 더욱 특별한 숙박 경험을 선사한다.

Location	마리나베이
With	모든 여행자
Cost	$$$

가는 방법 MRT 베이프런트Bayfront역에서 도보 3분
주소 10 Bayfront Ave
문의 065 6688 8868
예산 샌즈 프리미어 룸 S$930~
홈페이지 www.marinabaysands.com

 Don't Miss!

스카이 인피니티 풀

세계에서 가장 높은 곳에 위치한 수영장으로, 150m 길이의 풀에서 싱가포르의 멋진 스카이라인을 감상할 수 있다.

스카이파크 전망대

호텔 57층에 위치해 360도 파노라마 뷰를 감상할 수 있는 전망대로 싱가포르의 주요 랜드마크가 한눈에 보인다. 멋진 사진 촬영 장소로도 유명하다.

풍성한 조식 뷔페

조식 뷔페를 제공하는 1층의 라이즈Rise 레스토랑은 싱가포르의 로컬 음식부터 신선한 열대 과일, 빵, 커피를 비롯해 호화로운 메뉴를 갖추었다. 워낙 투숙객이 많아 대기해야 하는 경우도 있다.

스펙트라

마리나베이 샌즈의 이벤트 플라자 앞에서 무료로 관람할 수 있는 스펙트라가 평일 2회(20:00, 21:00), 주말 3회(20:00, 21:00, 22:00) 열린다. 빛과 물, 음악이 어우러지는 환상적인 쇼를 놓치지 말자.

만다린 오리엔탈 싱가포르
Mandarin Oriental, Singapore

마리나베이 지역에 위치한 5성급 럭셔리 호텔로 싱가포르의 상징인 스카이라인과 마리나베이의 아름다운 전망을 감상할 수 있다. 비즈니스와 레저 여행객 모두에게 완벽한 숙박 경험을 제공하며, 현대적 디자인과 동양의 전통적 요소가 조화를 이루는 인테리어로 유명하다. 일반 객실과 스위트룸은 고급스러운 가구와 최신 편의 시설을 갖춰 편안하고 럭셔리한 분위기를 자아내며 다양한 다이닝 옵션을 제공한다. 최상층에 위치한 수영장에서는 싱가포르의 스카이라인을 바라보며 휴식을 취할 수 있으며 야경도 무척 아름답다. 마리나베이 샌즈, 가든스 바이 더 베이 등 싱가포르의 주요 관광지와 인접해 있어 관광과 비즈니스 모두에 편리한 위치도 장점이다. 최근 호텔 리뉴얼이 완료되어 전과 다른 분위기로 변신에 성공했다.

Location	마리나베이
With	커플, 허니문
Cost	$$$

가는 방법 MRT 에스플러네이드Esplanade역에서 도보 9분
주소 5 Raffles Ave
문의 065 6338 0066
예산 시 뷰 트윈룸 S$665~
홈페이지 www.mandarinoriental.com

 Don't Miss!

마리나베이의 탁월한 전망

호텔의 많은 객실은 물론 레스토랑과 야외 수영장 등 공용 공간에서 싱가포르의 상징인 마리나베이 샌즈를 비롯해 아트사이언스 뮤지엄, 머라이언 파크 등 대표적 랜드마크가 보인다.

야외 메인 풀에서 휴식

직사각형의 넓고 긴 야외 메인 풀이 길게 뻗어 있고 중간중간 자쿠지와 풀 바가 자리한다. 수영을 하거나 선베드에 누워 휴식을 즐기기에 최적의 장소다.

하우스 65 Haus 65

21층에 새롭게 단장한 클럽 라운지로 오전의 샴페인 조식부터 오후의 애프터눈 티와 이브닝 칵테일까지 다양한 서비스를 제공한다

Fan of M.O. 멤버십 혜택

얼리 체크인, 레이트 체크아웃, 1인 무료 조식, 객실 업그레이드, 기념일 특별 선물, 세탁·다림질 서비스 등 회원에게 다양한 혜택을 제공한다.

풀만 싱가포르 힐 스트리트
Pullman Singapore Hill Street

Location	시티 홀
With	커플, 싱글
Cost	$$

싱가포르 중심부에 위치한 5성급 호텔로 총 350개의 객실이 있으며, 세련된 디자인의 각 객실은 물론 호텔 인테리어가 럭셔리 기차 여행을 연상시킨다. 호텔 내에는 올데이 다이닝 레스토랑인 매디슨스, 멕시코 테마의 루프톱 바와 일본식 캐주얼 바 모가Moga, 그리고 이그제큐티브 라운지가 있어 다양한 다이닝을 경험할 수 있다. 또한 투숙객을 대상으로 24시간 이용 가능한 피트니스 센터와 루프톱 수영장을 운영한다. 과거와 현대가 공존하는 독특한 분위기, 편리한 위치, 고급스러운 시설을 갖춘 호텔로 여행객들에게 인기가 높다.

가는 방법 MRT 시티 홀City Hall역에서 도보 5분
주소 1 Hill St
문의 065 6019 7888
예산 디럭스룸 S$300~
홈페이지 www.pullmansingaporehillstreet.com

 Don't Miss!

럭셔리 기차 테마의 인테리어

호텔 입구의 클래식한 기차 테마의 인테리어와 빈티지 여행 가방, 앤티크한 엘리베이터 등 19세기 기차 여행을 연상시키는 독특한 디자인 요소를 발견할 수 있다.

이그제큐티브 라운지 혜택

이그제큐티브룸 투숙객을 위한 편안하고 세련된 분위기의 전용 라운지에서는 조식, 이브닝 칵테일, 간식 등을 제공한다. 가능하면 이그제큐티브 라운지 혜택이 포함된 객실을 예약하자.

루프톱 인피니티 풀

호텔 최상층에 위치한 인피니티 풀에서는 싱가포르의 아름다운 스카이라인을 감상할 수 있다. 지상의 야외 수영장도 있다.

편리한 위치

클라크 키, 보트 키, 마리나베이 등 싱가포르의 주요 관광지와 가까워 접근성이 좋다. MRT 시티 홀역과도 가깝다.

호텔 포트 캐닝
Hotel Fort Canning

싱가포르의 역사적인 랜드마크인 포트 캐닝 파크 내에 위치한 부티크
호텔로 오랜 역사를 자랑하는 특별한 곳이다. 1926년에 영국의 행정
건물로 지었으며 제2차 세계대전 당시 요새로 활용했고 싱가포르 독립
후에는 싱가포르 군대가 사용하다가 2010년 호텔로 재탄생했다. 영
국 식민지 시대의 건축양식을 보존하는 한편 현대적인 편의 시설을 갖
추어 독특한 분위기를 띤다. 호텔은 총 86개의 세련된 객실과 스위트
룸 그리고 2개의 야외 수영장, 체육관, 스파 시설로 이루어져 있다. 또
한 넓은 창문을 통해 포트 캐닝 파크와 싱가포르의 스카이라인을 조망
할 수 있다. 아름다운 정원 속에 자리해 도심 속 평화로운 휴식처를 찾
는 여행자에게 딱 맞는 곳이다.

Location	포트 캐닝 파크
With	모든 여행자
Cost	$$

가는 방법 MRT 포트 캐닝Fort Canning역에서 도보 8분
주소 11 Canning Walk
문의 065 6559 6769
예산 디럭스룸 S$250~
홈페이지 www.hfcsingapore.com

 **Don't Miss!**

역사와 함께하는 객실
콜로니얼 시대 건축물을 현대적으로 개조한 호텔답게 객실이 중후하고 클래식한 멋이 있다.

열대 분위기의 야외 수영장
호텔에 2개의 야외 수영장이 있다. 정원으로 둘러싸인 수영장에서 휴식을 취하며 도시에서 쌓인 스트레스를 날려보내기 좋다.

정원 속 평화로운 분위기
호텔이 울창한 정원으로 둘러싸여 있어 도심 속에 자리하지만 고요하고 평화롭다. 주변에도 푸른 공원과 열대 식물이 가득하다.

다채로운 다이닝 옵션
훌륭한 요리를 뷔페식으로 즐길 수 있고 단품 요리, 칵테일, 디저트 파티 등 시즌마다 다양한 다이닝 파티를 연다.

풀러턴 호텔 싱가포르
The Fullerton Hotel Singapore

1928년에 지은 역사적인 건물을 개조한 럭셔리 5성급 호텔이다. 머라이언 파크를 비롯해 주변으로 관광 명소가 이어지는 싱가포르의 금융 및 문화 중심지 마리나베이에 위치하고 있다. 총 400개의 객실과 스위트룸을 보유하고 있으며, 현대적인 편의 시설과 고풍스러운 매력을 동시에 경험할 수 있는 호텔로 싱가포르강이 바라다보이는 뛰어난 전망을 자랑한다. 과거에 우체국과 여러 정부 기관으로 사용했으며 2015년 싱가포르의 71번째 국가 기념물로 지정되었다. 객실 인테리어는 세련되게 꾸몄으며 일부 객실에서는 마리나베이의 아름다운 경치를 감상할 수 있다.

Location	보트 키
With	커플, 허니문
Cost	$$$

가는 방법 MRT 래플스 플레이스Raffles Place역에서 도보 3분
주소 1 Fullerton Square
문의 065 6733 8388
예산 프리미어 코트야드룸 S$400~
홈페이지 www.fullertonhotels.com

🧑 Don't Miss!

역사적인 공간

옛 건축양식을 그대로 보존하고 있으며 역사적인 유물과 사진을 전시해 싱가포르의 과거를 느낄 수 있는 호텔이다.

우수한 다이닝 옵션

호텔에서 운영하는 레스토랑 중 미슐랭 2스타를 받은 세인트 피에르Saint Pierre는 재패니스 프렌치 요리를 낸다. 마리나베이 뷰 전망을 즐길 수 있다.

풀러턴 스파

전 세계적인 럭셔리 화장품 브랜드 에스파ESPA와 협력해 다양한 스파 트리트먼트를 갖추고 있다. 고급스러운 환경에서 전문적인 서비스를 제공한다.

인피니티 풀

호텔 8층에 자리한 인피니티 풀에서 도시의 스카이라인을 배경으로 수영을 즐기며 낭만적인 강변을 감상할 수 있다.

웨어하우스 호텔
The Warehouse Hotel

싱가포르의 중심부 로버트슨 키에 위치한 5성급 헤리티지 호텔로, 역사적인 창고 건물을 현대적인 럭셔리 호텔로 재탄생시켰다. 세심하게 복원한 건물에 자리한 객실은 높은 천장과 인더스트리얼 요소로 옛 창고 분위기가 느껴지며, 여기에 현지 로컬 디자이너들의 소품을 더해 꾸몄다. 신선한 재료를 사용한 로컬 요리를 맛볼 수 있는 포 레스토랑과 웨어하우스 로비 바Warehouse Lobby Bar는 현지인이 즐겨 찾는 곳이다. 특히 웨어하우스 로비 바는 역사가 오래된 건물의 분위기를 그대로 살린 공간으로 칵테일과 수제 맥주, 고급 와인을 즐길 수 있으며, 체크인 시 무료로 제공하는 코인을 이용해 무료 칵테일을 마실 수 있다.

Location	로버트슨 키
With	커플, 싱글
Cost	$$

가는 방법 MRT 해블록Havelock역에서 도보 3분
주소 320 Havelock Rd
문의 065 6828 0000
예산 웨어하우스 로프트룸 S$385~
홈페이지 www.thewarehousehotel.com

 Don't Miss!

역사적 가치와 현대적 디자인의 조화

오래된 창고 건물을 세심하게 복원해 호텔로 재탄생시켰다. 역사적 건축물의 특징을 살리면서 현대적 디자인을 더해 독특한 분위기를 자아낸다.

리버사이드 정취가 물씬

강변 풍경이 아름답고 브런치 카페가 많이 모여 있는 리버사이드 주변의 인기 관광 지역인 로버트슨 키와 인접해 있다.

인피니티 풀에서 휴식

작지만 매력적인 인피니티 풀에서 바라보는 로버트슨 키의 풍경이 매우 인상적이다. 석양이 지는 시간에 맞춰 이용해보자.

인기 로컬 레스토랑 포 Po

호텔 내에 있는 현대적인 싱가포르식 레스토랑으로, 바쿠테 같은 전통 싱가포르 요리를 현대적으로 재해석한 메뉴로 아침을 즐길 수 있다.

원더러스트 바이 더 언리미티드 컬렉션
Wanderlust by the Unlimited Collection

리틀인디아에 위치한 독특한 부티크 호텔로 1920년대 건물을 개조한
것이다. 다양한 테마의 객실을 보유하고 있으며 모든 객실은 도시 전망
으로 에어컨, 개인 욕실, 평면 TV, 방음 시설을 갖추고 있다. 전체적으
로 깔끔한 편이며 가격 대비 만족도가 높아 가성비 좋은 호텔로 손꼽힌
다. 24시간 운영하는 프런트 데스크, 수하물 보관소가 있고 컨시어지
서비스를 제공하며, 투숙객은 1층 마마 숍에서 필요한 아이템 다섯 가
지를 선택해 무료로 가져갈 수 있다. 현대적인 편의 시설과 역사적 건
물의 매력을 함께 갖춘 호텔로 독특한 숙박 경험을 할 수 있는 곳이다.
싱가포르의 활기찬 리틀인디아 지역에서 편안하고 스타일리시한 숙소
를 원하는 여행객들에게 인기다.

Location	리틀인디아
With	커플, 싱글
Cost	$

가는 방법 MRT 잘란 베사르Jalan Besar역에서 도보 3분
주소 2 Dickson Rd
문의 065 6396 3322
예산 디럭스 스튜디오 S$185~
홈페이지 www.discoverasr.com

 Don't Miss!

야외 온수 자쿠지

규모는 작지만 야외에 자리한 자쿠지. 모자이크 타일로 장식했으며, 여행 전후로 따뜻한 물속에서 휴식을 취하기에 완벽한 공간이다.

교통이 편리한 위치

리틀인디아와 인접한 MRT 잘란 베사르역에서 도보로 이동할 수 있는 거리에 있으며, 싱가포르 주요 명소들과 가까워 접근성이 뛰어나다.

마마 숍

호텔 투숙객을 위한 작은 공간으로 체크인 시 다섯 가지 아이템을 무료로 제공한다. 스낵, 음료, 기념품 등을 고를 수 있다.

1층 로비 공간

1층 로비는 투숙객의 소셜 공간으로 인테리어가 깔끔하다. 체크인, 체크아웃을 진행하거나 짐을 보관할 수도 있다.

BASIC INFO

꼭 알아야 할
싱가포르 여행 기본 정보

싱가포르 기본 정보

싱가포르는 동남아시아 말레이반도 최남단에 위치한 작은 도시국가로 다양한 민족이 공존하며 살아간다. 이로 인해 싱가포르만의 독특한 다문화가 존재한다. 여행을 떠나기 전 싱가포르에 대한 기본적인 정보를 미리 알아보자.

공식 국가명과 국기

싱가포르공화국
Republic of Singapore

수도

싱가포르
Singapore

정치체제

의원내각제

면적

719.9km²

인구

563만 명
(싱가포르 국적 **347**만 명)

언어

영어(통용어), 중국어, 말레이어, 타밀어

싱가포르 창이 국제공항

싱가포르 도심

센토사섬

종교

불교 **33.3**%, 무교 **17**%,
이슬람교 **14.9**%, 기독교 **18.3**%,
도교 **10.9**%, 힌두교 **5.1**%, 기타 **0.5**%

인종

중국계 **76.2**%, 말레이계 **13.8**%,
인도계 **8.3**%, 기타 **1.7**%

비자

관광 목적 최대 **90**일까지
무비자 체류 가능

통화

싱가포르 달러
S$(SGD)

기후

열대성
(고온 다습)

시차

한국보다 1시간 빠름
※한국 09:00일 때 싱가포르 08:00

환율

S$1=약 1100원
※2025년 4월 초 기준

전압

230V, 50Hz
※3핀(BF) G타입 콘센트 모양이 우리나라와 다름.
우리나라 전자 제품은 대부분 그대로 사용 가능하지
만 소형 가전의 경우 멀티플러그 필요. 공항 및 시내
편의점에서 판매.

비행시간

인천-싱가포르(직항 기준)
약 **6**시간 **30~50**분

물가

싱가포르 현지 물가는 한국과 비슷하지만 최근 환율
이 높아져 레스토랑, 바, 특급 리조트 등은 상당히
비싼 편이다.

싱가포르 vs 한국(서울)
MRT 기본요금 S$1.19(약 1309원)~ vs 1550원
택시 기본요금 S$3.40(약 3740원)~ vs 4800원
생수(500ml) S$1(약 1100원)~ vs 1000원
스타벅스 아메리카노(톨 사이즈) S$5.40(약 5940원)~ vs 4700원
맥도날드 빅맥 세트 S$7.55(약 8305원)~ vs 6300원

운전

한국과 반대로 왼편 주행 체제(자동차
운전석이 오른쪽에 위치)

전화

싱가포르 국가 번호 65, 한국 국가 번호 82
한국 → 싱가포르 국제전화 서비스 번호(001) + 싱가포르 국가
번호(65) + 0을 제외한 싱가포르 전화번호
싱가포르 → 한국 국제전화 서비스 번호(001) + 한국 국가 번호
(82) + 0을 제외한 한국 전화번호

주요 공휴일(2025년)

1월 1일 신정 New Year's Day
1월 29~30일 설날 Chinese New Year
3월 31일 라마단이 끝나는 것을
기념하는 날 Hari Raya Puasa
4월 18일 부활절 Good Friday
5월 1일 노동절 Labour Day
5월 12일 석가탄신일 Vesak Day
6월 7일 메카를 순례하고 돌아오는 것을 기
념하는 날 Hari Raya Haji
8월 9일 국경절 National Day
10월 20일 디파발리 Deepavali
12월 25일 크리스마스 Christmas Day

팁 문화

호텔, 레스토랑, 카페 등에서는 대부분 요금에 10%
봉사료가 포함되어 있어 따로 팁을 줄 필요 없다.
다만 GST(부가가치세) 9%는 요금에 추가된다.

BASIC INFO ❷

싱가포르 날씨와 여행 시즌

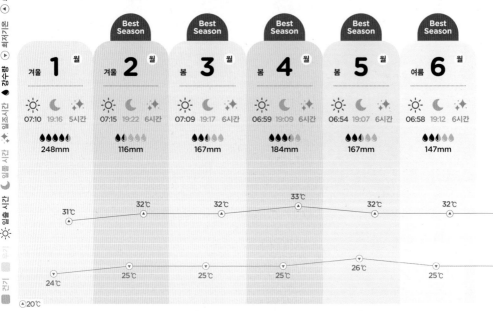

	Best Season	Best Season	Best Season	Best Season	Best Season
겨울 **1**월	겨울 **2**월	봄 **3**월	봄 **4**월	봄 **5**월	여름 **6**월
☀ 07:10 🌙 19:16 ✦ 5시간	☀ 07:15 🌙 19:22 ✦ 6시간	☀ 07:09 🌙 19:17 ✦ 6시간	☀ 06:59 🌙 19:09 ✦ 6시간	☀ 06:54 🌙 19:07 ✦ 6시간	☀ 06:58 🌙 19:12 ✦ 6시간
💧 248mm	💧 116mm	💧 167mm	💧 184mm	💧 167mm	💧 147mm
▲31℃	▲32℃	▲32℃	▲33℃	▲32℃	▲32℃
▼24℃	▼25℃	▼25℃	▼25℃	▼26℃	▼25℃

▲20℃

계절별 날씨 ▶

봄 3~5월
싱가포르의 봄은 기온이 높은 편이다. 우기가 끝나고 건기에 접어드는 3~4월 평균기온은 32℃다. 봄철은 강수량이 적은 편이라 여행하기 좋은 시기다. 다만 5월부터는 연무가 생겨 공기 질이 악화할 수 있다.

여름 6~8월
여름철에 강수량이 가장 적으며 6월에는 147mm에 불과하다. 6~8월은 습도가 가장 낮다. 여름에 일조시간은 하루 약 6시간이며 최고기온은 약 32℃다. 또 5월에 시작되는 연무가 6월까지 지속되는 경우도 있다.

가을 9~11월
싱가포르는 가을에 강수량이 매달 증가한다. 월별 예상 강수량은 9월 156mm, 10월 202mm이며 11월에는 248mm로 급격하게 증가해 우기에 접어든다. 가을에 일조시간은 하루 평균 5시간으로 줄어든다.

겨울 12~2월
겨울철에 1년 중 가장 비가 많이 내리며 12월에는 강수량이 무려 304mm에 달한다. 일조시간은 12월에 4시간으로 가장 적고 1월에 5시간, 2월 말에는 6시간으로 점차 늘어난다. 또 1월과 2월은 바람이 가장 많이 분다. 하지만 기온은 겨울 내내 30℃ 정도를 유지한다.

싱가포르는 연중 덥고 습한 열대성 기후다. 날씨 변화가 잦은 싱가포르의 기후를 여행 캘린더를 통해 살펴보자.
계절별 날씨 특징과 강수량을 알아보고 이에 알맞은 옷차림과 준비물을 챙긴다.

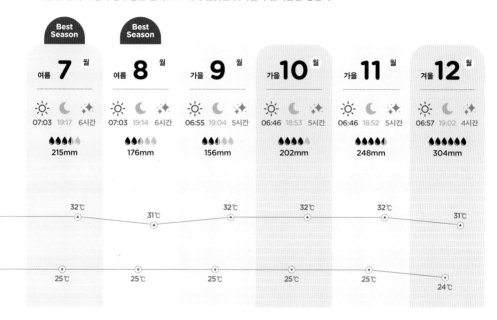

싱가포르 월별 축제

1월 29~30일 **설날** Chinese New Year
싱가포르에서 가장 큰 축제로 중국식 새해를 기념하는 것이다. 차이나타운이 화려하게 장식되고 각종 퍼레이드와 전통 공연이 열리며 가족끼리 모여 풍요와 번영을 기원한다.

2월 11일 **타이푸삼** Thaipusam
힌두교 교도들이 무루간 신을 기리기 위해 여는 축제로, 힌두교 의식을 구경하러 수많은 사람이 몰린다. 리틀인디아에서 전통 의식과 퍼레이드를 진행한다.

5월 12일 **석가탄신일** Vesak Day
불교 신자들이 사원에 모여 석가모니의 탄생과 깨달음을 기리며 꽃, 초, 향을 바친다. 이날 차이나타운 불아사에서 거대한 행사가 열린다.

10월 18~23일 **디파발리** Deepavali
힌두교의 빛의 축제로 매년 리틀인디아 거리를 수천 개의 조명과 다양한 장식으로 꾸며 색다른 분위기를 내며, 색색의 전통 음식과 문화가 함께 어우러진다.

8월 9일 **국경절** Singapore National Day
싱가포르가 말레이시아로부터 독립한 날을 기념하는 축제다. 이날의 하이라이트는 내셔널 데이 퍼레이드로 성대한 퍼레이드와 불꽃놀이, 각 민족의 다양한 공연이 펼쳐진다.

9월 F1 **그랑프리** Formula 1 Grand Prix
마리나베이 스트리트 서킷에서 열리는 세계적인 포뮬러 원 레이싱 대회다. 독특하게도 야간에 개최하며 다양한 부대 행사도 함께 진행한다.

10월 6~8일 **중추절** Mid-Autumn Festival
중국의 추석을 기념하는 행사로 차이나타운 곳곳에 아름다운 등불이 켜진다. 중국의 전통 공연을 즐기고 전통 과자 월병도 맛볼 수 있다.

싱가포르 문화, 이 정도는 알고 가자

결코 크지 않은 땅덩어리지만 싱가포르에서 살아가는 사람들은 우리가 아는 것보다 훨씬 더 다양하고 복잡하다.
다양한 민족이 모여 살다 보니 문화 역시 이곳만의 특징이 있다. 싱가포르는 역사적으로 영국 식민지였으며
현재까지도 영연방에 속해 있다.

 ## 다양한 민족이 모여사는 나라

싱가포르 인구는 중국계, 말레이시아계, 인도계, 영국계, 아랍계
그리고 그 외 나라에서 온 사람들로 구성되어 있다. 그중 4분의 3
가량이 중국계다. 이들의 조상은 대부분 중국 광동성과 푸젠성 사
람이다. 중국계 다음으로 많은 수를 차지하는 민족은 말레이계다.
말레이계는 영국 식민지 시대 전부터, 가장 오랫동안 싱가포르에
거주해왔으며 그 조상은 인도네시아와 말레이시아 혈통이다. 세
번째로 많은 민족은 인도계로 대부분 타밀족, 말라얄리족, 시크교
교도로 구성되어 있다.

 ## 강력한 벌금제

싱가포르가 말레이시아로부터 독립하
던 당시 싱가포르는 정치, 경제, 사회
등 모든 면에서 열악한 상황이었다.
이에 국가 기틀을 다지기 위해 엄격한
법 집행을 시행했는데 지금까지도 여
전히 다양하고 강력한 벌금을 부과하
고 있다. 벌금은 자국민은 물론 외국
인에게도 적용된다.

 ## 언어

앞서 언급한 바와 같이
싱가포르는 다양한 민
족으로 구성되어 있어
사용하는 언어 역시 다
양하다. 국어인 말레
이어를 포함해 중국어
(만다린), 영어, 타밀
어 등 4개 언어를 공통
어로 지정했다. 학교와
직장, 행정, 산업 전반

에 걸쳐 영어를 사용하며 중국어도 많이 사용한다. 그런데 영
어는 싱가포르의 다양한 언어와 혼용되다 보니 싱가포르화해
싱글리시라는 이름이 붙었다. 싱가포르를 여행하다 보면 싱
글리시를 자주 접하게 된다.

➡ 싱글리시 P.139

종교와 축제

다양한 민족은 곧 다양한 종교로 이어진다. 싱가포르에는 불교, 도교, 이슬람교, 힌두교, 기독교 등 여러 종교가 공존한다. 종교의 자유가 있어 종교적인 날을 기념하는 축제나 행사가 1년 내내 열린다. 중국계 민족은 중국식 새해를 보낸다. 약 2주간 이어지는 축제로 음력 정월 보름달이 뜨는 날 시작된다. 또 이슬람교도들이 라마단 종식을 기념하기 위한 하리 라야 아이딜피트리Hari Raya Aidilfitri, 힌두교의 빛의 축제인 디파발리, 불교도들이 부처의 깨달음을 기념하는 부처님 오신 날 등이 있다. 축제 기간에 차이나타운, 리틀인디아, 사원 등은 신도들로 인산인해를 이룬다.

큐 코드 Queue Code

싱가포르의 공공장소나 대중교통 승강장, 식당, 카페 등에서 'Queue' 또는 'Q'라고 표기되어 있는 것을 흔하게 볼 수 있다. 줄을 서라는 뜻으로, 보통 별도로 마련된 기계에서 대기 번호표를 뽑거나 정해진 큐 라인에서 줄을 서 순서를 기다린다.

화장실

싱가포르에서는 '화장실'이라는 의미도 다양한 언어의 영향으로 여러 가지 표현으로 사용한다. 가장 일반적인 것이 'toilet'이며 공공기관이나 시설물에서는 'lavatory', 호텔에서는 'restroom'으로도 사용한다. 말레이어에서 비롯된 'tandas'도 많이 쓰는 용어다.

화폐

싱가포르의 지폐 단위에는 S$1가 없고 S$2부터 시작한다. 그리고 모든 지폐에는 단 한 사람의 초상화가 그려져 있는데, 싱가포르 초대 대통령 유숩 빈 이스학이다. 화폐 단위별로 지폐 크기와 색깔이 다르다.

BASIC INFO ④

싱가포르 여행 에티켓과 팁

우리와 문화가 다른 나라를 여행하다 보면 가끔은 의도치 않은 일이 생길 수도 있다. 여행을 떠나기 전 미리 알아두면 좋은 여행 에티켓에 대해 살펴보자. 싱가포르에서 겪을 수 있는 상황과 해결책, 그와 관련된 팁도 정리했다.

> **Q** 택시를 타고 겨우 5분 정도 갔는데 요금이 S$20?
>
> 마리나베이 샌즈에서 오차드로드까지 택시를 이용했다. 택시 미터기에 표시된 요금은 S$10인데 청구 금액은 S$20였다. S$10의 차액은 어디서 생긴 걸까?

➡ 싱가포르 택시는 타고 내리는 장소나 이용 도로, 혼잡 시간에 따라 요금이 가산된다. 또 오차드로드에 갈 때 유료 도로인 ERPElectronic Road Pricing를 이용하면 '통행 요금 자동 부과소'를 통과하게 되는데 이 경우 ERP 통행 요금(S$1~3)이 추가된다. S$10의 차액은 이렇게 목적지와 시간대, 이용 도로에 따라 발생한 것이다.

• **주요 목적지별 택시 요금**

싱가포르 시내 (17:00~24:00)	리조트 월드 센토사	창이 국제공항	마리나베이 샌즈 (일요일 · 공휴일 06:00~17:00)
S$3	S$3	S$6~8	S$3

싱가포르 엑스포	가든스 바이 더 베이	마리나베이 크루즈 센터
S$2	S$3	S$3~5

할증료 가산 시간대	
피크 타임 할증 25%	06:00~09:29, 17:00~23:59
야간 할증 50%	24:00~05:59

알고 가면 좋은 룰과 매너

☑ 택시 표시등의 의미

택시 지붕 위에 달린 전광판 표시는 현재 택시가 어떤 상태인지 영문으로 나타낸 것이다. 보통 다섯 종류 이내다.

TAXI 승차 가능
HIRED 승객 탑승 중
BUSY 사정에 의해 탑승 불가
SHIFT CHANGE 기사 교체 중
ON CALL 호출 중

☑ 안전벨트는 반드시 착용

싱가포르에서 택시 탑승 시 조수석은 물론 뒷좌석까지 안전벨트 착용이 필수다. 택시 기사가 안전벨트 착용 여부를 체크하는 것이 아닌 탑승자 스스로 착용해야 한다. 안전벨트 미착용으로 단속에 걸리면 벌금(S$120~)이 부과되는데 운전자와 탑승자 모두 대상이다.

Q 티셔츠나 짧은 바지를 입고 힌두 사원이나 모스크를 방문하면 안 된다?

노출이 많은 옷을 입고 리틀인디아에 있는 주요 사원에 가면 큰 소리로 "No!"라고 제지를 당할 수 있다고 하는데, 이럴 때 방문을 포기해야 하나?

➡ 한국에서는 여름에 일반적으로 입는 옷이라도 힌두 사원이나 모스크에서는 노출이 심한 옷으로 여기는 경우가 있다. 사원은 신성한 곳이니 이런 복장으로 방문하는 일은 삼가도록 한다. 노출이 심한 옷을 입은 경우에는 입구에서 무료로 가운을 빌려준다.

알고 가면 좋은 룰과 매너

☑ 사원 입장 시 신발 벗기

힌두 사원과 모스크 건물 안에서는 신발을 벗어야 한다. 신발 보관 로커에 신발을 맡기고 들어간다. 한편 해가 드는 자리는 바닥이 뜨거울 수 있으니 화상을 입지 않도록 주의한다.

☑ 사원 내 정숙, 사진 촬영은 가능

사원은 신성한 장소로 사원 안에서는 정숙해야 한다. 입장료는 무료인 경우가 많지만 기부금을 내기도 한다. 신자에게 방해되지 않는 선에서 조용히 사진 촬영을 하는 것은 가능하다.

☑ 이슬람 사원은 관람 장소도 남녀 분리

이슬람 사원은 예배 드리는 장소뿐 아니라 관광 목적으로 방문하는 공간도 남녀를 분리하는 경우가 많다. 모스크에 따라서 남성은 안으로 들어갈 수 없는 경우도 있다. 가장 유명한 술탄 모스크는 남녀가 같은 장소에서 관람할 수 있다.

Q MRT(지하철)에서 물을 마시면 벌금이 청구된다?

싱가포르는 하루 최고기온이 30℃가 넘는 경우가 많아 조금만 걸어도 땀이 줄줄 흐른다. MRT에 탑승해 덥고 갈증이 나서 가지고 있던 생수를 벌컥벌컥 마시자 어디선가 단속 경찰이 나타나 벌금을 청구했다면?

➡ 싱가포르는 MRT를 비롯한 모든 대중교통에서 물을 포함해 음식물을 섭취해서는 안 된다. 적발되면 S$500 벌금이 부과된다. 차내뿐 아니라 역사 전역에서 음식물 섭취가 금지되어 있다.

알고 가면 좋은 룰과 매너

☑ 거리에 쓰레기를 버리지 말 것

싱가포르에서는 거리에 함부로 쓰레기를 버려서는 안 된다. 무단으로 쓰레기를 버리면 최고 S$1000 벌금이 부과된다. 도로에 침을 뱉는 행위도 벌금 대상이다. 껌은 판매하는 것도, 구입하는 것도 안 되며 싱가포르 입국 시 반입도 금지되어 있다.

☑ 공공 구역은 모두 금연

싱가포르의 모든 공공장소는 물론 호텔 방과 레스토랑에서도 금연이다. 또 싱가포르 입국 시 담배를 소지하면 과세 대상이 되며, 만약 신고하지 않으면 최고 S$5000 벌금이 부과된다.

😊 싱가포르에서 꼭 지켜야 할 여행 매너

- 대중교통 이용 시 물 포함 음식물 섭취 금지
- 길거리에 쓰레기 투척과 침 뱉는 행위 금지
- 껌 판매, 구매, 씹는 것 모두 금지
- 전자 담배, 물 담배, 씹는 담배와 기기 소지 및 반입 금지
- 에스컬레이터 이용 시 왼쪽에 줄 서기(우리와 반대 방향)
- MRT & 버스 이용 시 노약자·임산부석 착석 금지
- 대중교통 이용 시 두리안 소지 및 애완동물 탑승 금지
- 버스는 앞문으로 승차, 뒷문으로 하차
- 흡연 허용 지역 외 흡연 금지, 적발 시 벌금 부과
- 오차드로드 전면 금연 구역(오차드로드 내 특별 흡연 구역 40곳 운영)
- 사진 촬영 금지 구역(공공시설, 바 등) 내 촬영 금지
- 모든 공공장소에서 오전 10시 30분~오후 7시 음주 불가
- 줄 서기에서 새치기나 다른 줄 만들기 금지
- 마약 범죄는 사형 구형

 **BASIC INFO ⑤**

싱가포르 역사 간단히 살펴보기

여행을 떠나기 전 그 나라의 역사에 대해서 조금 알고 떠나면 정치, 문화 등 한 나라를 이해하는 데 도움이 되고 여행 역시 풍요롭고 재미가 더해지기 마련이다. 간략하게 싱가포르의 역사를 살펴보자.

초기 역사

싱가포르 역사에 관해 처음 언급된 것은 3세기로 거슬러 올라간다. 당시 중국 문헌에 따르면 싱가포르를 '반도 끝의 섬'이라는 의미의 파라주婆罗洲, Pu Luo Chung라고 불렀으며 이는 말레이어의 '플라우 우종Pulau Ujong'에서 음을 따온 것이라고 한다. 7세기에는 스리위자야라는 국가의 무역 정착지로 부각되었다. 당시 싱가포르는 동남아시아 해양 무역에서 중요한 역할을 했다. '싱가포르'라는 이름은 '사자의 도시'라는 뜻의 산스크리트어에서 유래했으며, 전설에 따르면 이 지역을 탐험하던 스리위자야 왕자가 사자를 목격하고 이렇게 이름 붙였다고 한다. 이 시기에 싱가포르는 동남아시아의 주요 무역 항구 역할을 했으나 14세기에 쇠퇴했다.

식민지 시대

1819년 영국 정치가 스탬퍼드 래플스가 싱가포르를 처음 발견하고 지리적 위치와 잠재력에 주목했다. 그는 이 지역을 지배하던 조호르주 술탄에게 거액을 주고 싱가포르를 사들인 후 아시아를 대표하는 국제 무역항으로 개발하기 시작했다. 이후 1867년에 싱가포르는 정식으로 대영제국 식민지로 편입되었으며 영국의 지배 아래 급격히 발전했다.

제2차 세계대전과 독립

싱가포르는 제2차 세계대전 기간인 1942년에 일본 제국으로부터 식민 지배를 받게 되었다. 이때 일본 제국이 통치하며 '쇼난'으로 이름을 변경했다. 전쟁이 종료된 후인 1945년, 싱가포르는 다시 영국의 지배하에 들어갔다. 1963년에는 말레이시아 연방에 가입했지만 인종과 정치적 갈등으로 인해 1965년 8월 9일 독립을 선언했다. 이 역사적 사건은 오늘날 싱가포르를 구성하는 중요한 기반이 되었다.

경제와 사회 발전

독립 후 싱가포르는 리콴유 총리의 지도 아래 사회적 불안정과 경제 문제를 해결하기 위한 정책을 강력히 추진했다. 대규모 공공 주택단지 개발과 공교육에 대한 막대한 투자로 경제가 급성장했고 1990년대까지 아시아에서 가장 발전한 자유 시장경제 체제 국가로 자리 잡았다. 싱가포르는 정치적으로 안정된 공화국으로 효율성과 청렴성을 지향하는 정부 구조를 갖추게 되었다.

현대의 싱가포르

현재 싱가포르는 경제적 번영과 사회적 안정을 이루고, 공공 인프라와 서비스가 발달해 많은 사람이 찾아오는 매력적인 도시국가가 되었다. 국제적으로도 매우 중요한 물류 및 금융 허브로 인정받고 있으며, 전 세계에서 가장 부유한 국가 중 하나로 평가받고 있다.

BEST PLAN
& BUDGET

싱가포르
추천 여행 일정과 예산

BEST PLAN & BUDGET ❶

싱가포르 인기 명소만 모아! 3박 4일 핵심 코스

싱가포르를 처음 가보는 여행자들을 위한 핵심 코스다.
일정이 다소 짧기 때문에 무리한 스케줄보다는 인기 관광
지역인 마리나베이 주변을 중심으로 싱가포르 도심을
여행하는 동선을 추천한다. 비행 스케줄에 따라 차이는
있지만 밤 비행기라면 출국 전까지 알차게 관광을 즐겨보자.

여행 예산(1인)

- -

항공권(비수기, 직항 편 기준)	60만 원~
+ 숙박 3박	
(중급 호텔 2인 1실 기준)	45만 원~
+ 교통 4일(대중교통, 그랩 기준)	12만 원~
+ 식사 4일(호커 센터, 레스토랑)	40만 원~
+ 현지 비용	
(각종 투어, 입장료 포함)	15만 원~

- -

= 172만 원~

TRAVEL POINT -

⊙ **항공 스케줄**
싱가포르 IN(밤에 싱가포르 도착 스케줄)
싱가포르 OUT(싱가포르에서 밤에 떠나는
스케줄) 직항 노선
※싱가포르 오후 7시 55분 도착, 오후 10시 30분
출발 대한항공 기준

⊙ **주요 이동 수단**
MRT, 버스, 그랩

⊙ **사전 예약 필수**
마리나베이 샌즈 스카이파크 전망대 입장권,
리버 크루즈, 점보 시푸드

⊙ **여행 꿀팁**
❶ 3박 4일 일정이라면 되도록 한곳에 숙박하고
교통이 편리한 곳에 숙소를 잡는다.
❷ 센토사섬이나 만다이 야생동물 공원 등 시간이
많이 소요되는 일정은 과감히 패스한다.
❸ 점보 시푸드 같은 인기 맛집은 사전 예약을
추천한다.

TRAVEL ITINERARY 여행 스케줄 한눈에 보기

여행 일수	체류 지역	시간	세부 일정
DAY 1	싱가포르 도착	밤	19:55 싱가포르 창이 국제공항 도착 22:00 숙소 체크인
DAY 2	리버사이드, 시티 홀, 마리나베이	아침	09:00 머라이언 파크 산책 10:00 아시아문명박물관 & 래플스 상륙지 11:00 내셔널 갤러리 싱가포르
		점심	12:00 점심 식사 추천 점보 시푸드 14:00 마리나베이 샌즈 15:00 스카이파크 전망대
		저녁	18:00 저녁 식사 추천 라우 파 삿 19:00 리버 크루즈 탑승 20:00 스펙트라 관람
DAY 3	차이나타운, 부기스 & 캄퐁글램	아침	10:00 불아사 & 스리 마리암만 사원 11:30 차이나타운 거리 산책
		점심	13:30 점심 식사 추천 맥스웰 푸드 센터 15:30 술탄 모스크 16:30 캄퐁글램 산책
		저녁	18:00 저녁 식사 추천 코코넛 클럽 19:00 부기스 스트리트 쇼핑
DAY 4	오차드로드, 마리나베이, 리틀인디아	아침	09:00 싱가포르 보태닉 가든 산책 10:30 오차드로드 쇼핑
		점심	13:00 점심 식사 추천 푸드 리퍼블릭 14:00 가든스 바이 더 베이
		저녁	18:00 저녁 식사 추천 스위 춘 19:00 무스타파 센터 20:00 주얼 창이 관광 후 출국

BEST PLAN & BUDGET ❷

싱가포르 도심 &
센토사섬
4박 5일 베이식 코스

처음 싱가포르를 방문하는 여행자를 위한 코스로
주요 명소와 센토사섬을 포함한 4박 5일 일정이다.
도시 관광은 물론 이국적인 센토사섬의 각종 어트랙션과
아름다운 해변까지 즐길 수 있다.

여행 예산(1인)

항공권(비수기, 직항 편 기준)	60만 원~
+ 숙박 4박	
(중급 호텔 2인 1실 기준)	60만 원~
+ 교통 5일(대중교통, 그랩 기준)	15만 원~
+ 식사 5일(호커 센터, 레스토랑)	50만 원~
+ 현지 비용	
(각종 투어, 입장료 포함)	25만 원~

= 210만 원~

◖ TRAVEL POINT ◗ --

⊙ 항공 스케줄
싱가포르 IN(밤에 싱가포르 도착 스케줄)
싱가포르 OUT(싱가포르에서 밤에 떠나는
스케줄) 직항 노선
※싱가포르 오후 7시 55분 도착, 오후 10시 30분
출발 대한항공 기준

⊙ 주요 이동 수단
MRT, 버스, 그랩

⊙ 사전 예약 필수
가든스 바이 더 베이, 리버 크루즈,
유니버설 스튜디오 싱가포르, 점보 시푸드

⊙ 여행 꿀팁
❶4박 5일 일정이라면 하루를 온전히 투자해
센토사섬과 유니버설 스튜디오 싱가포르에서
신나는 하루를 보낸다.
❷유니버설 스튜디오 싱가포르를 방문하지
않는다면 센토사섬의 아름다운 해변에서
일몰까지 즐기며 더 많은 시간을 보내는 것도
좋다.
❸아이 또는 부모님과 함께하는 여행이라면
마지막 날 싱가포르 시내에 중저가 숙소를
예약해 편히 쉬다가 밤에 공항으로 가는 것도
좋은 방법이다.

TRAVEL ITINERARY 여행 스케줄 한눈에 보기

여행 일수	체류 지역	시간	세부 일정
DAY 1	싱가포르 도착	밤	19:55 싱가포르 창이 국제공항 도착 22:00 숙소 체크인
DAY 2	마리나베이	아침	10:00 마리나베이 샌즈
		점심	13:00 점심 식사 추천 라사푸라 마스터스 15:00 가든스 바이 더 베이
		저녁	18:00 머라이언 파크 산책 19:00 저녁 식사 추천 라우 파 삿 20:45 스펙트라 관람
DAY 3	오차드로드, 리버사이드	아침	10:00 오차드로드 쇼핑
		점심	13:00 점심 식사 추천 바샤 커피 14:00 캄퐁글램 & 아랍 스트리트
		저녁	18:00 리버 크루즈 탑승 19:30 저녁 식사 추천 점보 시푸드 21:00 클라크 키에서 나이트라이프 즐기기
DAY 4	센토사섬	아침	09:00 리조트 월드 센토사 10:00 유니버설 스튜디오 싱가포르
		점심	13:00 유니버설 스튜디오에서 점심 식사 16:00 S.E.A. 아쿠아리움 또는 스카이라인 루지 센토사 체험
		저녁	18:00 실로소 비치 19:30 저녁 식사 추천 트라피자
DAY 5	차이나타운, 부기스 & 캄퐁글램	아침	09:00 아침 식사 추천 야쿤 카야 토스트 11:30 차이나타운 거리 산책
		점심	13:30 점심 식사 추천 동베이런자 15:30 술탄 모스크 16:30 캄퐁글램 산책
		저녁	18:00 저녁 식사 추천 코코넛 클럽 19:00 부기스 스트리트 쇼핑 20:00 주얼 창이 관광 후 출국

BEST PLAN & BUDGET ❸

핵심 시티 관광과 동물원을 함께! 4박 5일 아이랑 여행 코스

아이와 함께하는 가족여행자를 위한 추천 코스다.
싱가포르 도심의 주요 관광지는 물론이고 아이들이
좋아하는 싱가포르 동물원, 리버 원더스,
버드 파라다이스, 나이트 사파리 등이 있는
만다이 야생동물 공원을 포함한 코스다.

여행 예산(1인)

항공권(비수기, 직항 편 기준)	60만 원~
+ 숙박 4박	
(중급 호텔 2인 1실 기준)	60만 원~
+ 교통 5일(대중교통, 그랩 기준)	15만 원~
+ 식사 5일(호커 센터, 레스토랑)	50만 원~
+ 현지 비용	
(각종 투어, 입장료 포함)	40만 원~
	= 225만 원~

TRAVEL POINT

⊙ **항공 스케줄**
싱가포르 IN(밤에 싱가포르 도착 스케줄)
싱가포르 OUT(싱가포르에서 밤에 떠나는
스케줄) 직항 노선
※싱가포르 오후 7시 55분 도착, 오후 10시 30분
출발 대한항공 기준

⊙ **주요 이동 수단**
MRT, 버스, 그랩, 빅 버스

⊙ **사전 예약 필수**
가든스 바이 더 베이, 리버 크루즈, 싱가포르
동물원, 나이트 사파리, 빅 버스

⊙ **여행 꿀팁**
❶ 만다이 야생동물 공원에서 동물원을 두 곳
이상 방문할 예정이라면 멀티 파크 패스를
구입하는 것이 경제적이다.
▶ 멀티 파크 패스 정보 P.043
❷ 마지막 날은 아이들도 좋아하는 2층 버스인 빅
버스를 타고 싱가포르 도심을 한 바퀴 돌아본다.

여행 스케줄 한눈에 보기

여행 일수	체류 지역	시간	세부 일정
DAY 1	싱가포르 도착	밤	19:55 싱가포르 창이 국제공항 도착 22:00 숙소 체크인
DAY 2	마리나베이	아침	09:00 가든스 바이 더 베이
		점심	13:30 점심 식사 추천 쥐라기 네스트 푸드홀 16:00 아트사이언스 뮤지엄
		저녁	18:00 저녁 식사 추천 라사푸라 마스터스 19:00 마리나베이 샌즈 스카이파크 전망대 21:00 스펙트라 관람
DAY 3	마리나베이, 리버사이드	아침	10:00 싱가포르 국립박물관
		점심	13:00 점심 식사 추천 팜 비치 시푸드 레스토랑 14:30 머라이언 파크 산책
		저녁	17:00 리버 크루즈 탑승 18:00 저녁 식사 추천 송파 바쿠테 20:00 싱가포르 플라이어
DAY 4	만다이 야생동물 공원	아침	10:00 버드 파라다이스 또는 리버 원더스
		점심	12:00 동물원에서 점심 식사 13:00 싱가포르 동물원
		저녁	18:00 저녁 식사 추천 울루 울루 레스토랑 19:30 나이트 사파리
DAY 5	리틀인디아, 부기스 & 캄퐁글램, 차이나타운	아침	09:00 빅 버스로 시티 투어 11:30 리틀인디아 관광
		점심	13:30 점심 식사 추천 스위 춘 15:00 술탄 모스크 16:00 캄퐁글램 산책
		저녁	18:00 저녁 식사 추천 맥스웰 푸드 센터 19:00 차이나타운 거리 산책 20:00 주얼 창이 관광 후 출국

BEST PLAN & BUDGET ❹

싱가포르 여행의 모든 것을 한번에! 5박 6일 마스터 코스

싱가포르의 핵심 지역을 중심으로 관광하고 하루는
센토사섬에 머무르며 여유롭게 휴양까지 즐기는
일정이다. 싱가포르 대표 명소들을 돌아보며 각종 투어와
액티비티는 물론 맛집과 쇼핑까지 제대로 즐겨보자.

여행 예산(1인)

항공권(비수기, 직항 편 기준)	60만 원~
+ 숙박 5박 (중급 호텔 2인 1실 기준)	75만 원~
+ 교통 6일(대중교통, 그랩 기준)	18만 원~
+ 식사 6일(호커 센터, 레스토랑)	60만 원~
+ 현지 비용 (각종 투어, 입장료 포함)	30만 원~
=	243만 원~

◖ TRAVEL POINT ◗ -

⊙ **항공 스케줄**

싱가포르 IN(밤에 싱가포르 도착 스케줄)
싱가포르 OUT(싱가포르에서 밤에 떠나는
스케줄) 직항 노선
※싱가포르 오후 7시 55분 도착, 오후 10시 30분
출발 대한항공 기준

⊙ **주요 이동 수단**

MRT, 버스, 그랩

⊙ **사전 예약 필수**

유니버설 스튜디오 싱가포르, 점보 시푸드,
스카이라인 루지 센토사, 싱가포르 동물원,
리버 원더스, 나이트 사파리

⊙ **여행 꿀팁**

❶ 5박 6일 일정이라면 센토사섬 내 숙소에서
1박을 하며 싱가포르 도심과는 또 다른 휴양
분위기를 즐긴다.
❷ 만다이 야생동물 공원에서 동물원을 두 곳
이상 방문할 예정이라면 멀티 파크 패스를
구입하는 것이 경제적이다.
➤ 멀티 파크 패스 정보 P.043

TRAVEL ITINERARY 여행 스케줄 한눈에 보기

여행 일수	체류 지역	시간	세부 일정
DAY 1	싱가포르 도착	밤	19:55 싱가포르 창이 국제공항 도착 22:00 숙소 체크인
DAY 2	마리나베이	아침	10:00 머라이언 파크
		점심	13:30 점심 식사 추천 와쿠다, 스파고 다이닝 룸 15:00 마리나베이 샌즈
		저녁	17:00 저녁 식사 추천 라사푸라 마스터스 18:00 가든스 바이 더 베이 20:45 가든 랩소디
DAY 3	오차드로드, 리버사이드	아침	10:00 싱가포르 보태닉 가든 산책
		점심	13:00 점심 식사 추천 대식가 빅 프라운 미 14:00 오차드로드 쇼핑 16:00 카페에서 커피 타임 추천 바샤 커피
		저녁	18:00 저녁 식사 추천 점보 시푸드 20:00 클라크 키에서 야경 즐기기
DAY 4	센토사섬	아침	10:00 유니버설 스튜디오 싱가포르
		점심	13:00 리조트 월드 센토사 & 점심 식사 16:00 스카이라인 루지 센토사 체험
		저녁	18:00 리조트에서 저녁 식사 후 휴양
DAY 5	센토사섬, 만다이 야생동물 공원	아침	09:00 리조트 조식 11:00 실로소 비치 산책
		점심	12:00 비보시티 추천 푸드 리퍼블릭 14:00 리버 원더스
		저녁	18:00 저녁 식사 추천 울루 울루 레스토랑 19:00 나이트 사파리
DAY 6	차이나타운, 리틀인디아	아침	11:00 차이나타운 거리 산책
		점심	12:00 점심 식사 추천 난양 올드 커피 13:30 리틀인디아 15:00 무스타파 센터 쇼핑
		저녁	18:00 저녁 식사 추천 바나나 리프 아폴로 19:00 주얼 창이 관광 후 출국

BEST PLAN & BUDGET ❺

짧고 굵게 즐긴다!
2박 3일
주말여행 코스

주말을 이용해 짧은 일정으로 싱가포르를 여행하는
2박 3일 코스다. 시간이 많지 않기 때문에 인기 관광
명소와 맛집 위주로 둘러본다.

여행 예산(1인)

항공권(비수기, 직항 편 기준)	60만 원~
+ 숙박 2박	
(중급 호텔 2인 1실 기준)	30만 원~
+ 교통 3일(대중교통, 그랩 기준)	9만 원~
+ 식사 3일(호커 센터, 레스토랑)	3만 원~
+ 현지 비용	
(각종 투어, 입장료 포함)	10만 원~
= 112만 원~	

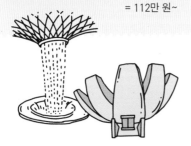

TRAVEL POINT

⊙ **항공 스케줄**
싱가포르 IN(밤에 싱가포르 도착 스케줄)
싱가포르 OUT(싱가포르에서 밤에 떠나는
스케줄) 직항 노선
※싱가포르 오후 7시 55분 도착, 오후 10시 30분
출발 대한항공 기준

⊙ **주요 이동 수단**
MRT, 버스, 그랩

⊙ **사전 예약 필수**
마리나베이 샌즈 스카이파크 전망대 입장권,
리버 크루즈

⊙ **여행 꿀팁**
❶ 2박 3일 일정이라면 시내 중심부 숙소에
묵는다. MRT역과 가까우면 더욱 좋다.
❷ 마리나베이를 중심으로 차이나타운과
리버사이드의 클라크 키 지역을 둘러본다.

TRAVEL ITINERARY 여행 스케줄 한눈에 보기

여행 일수	체류 지역	시간	세부 일정
DAY 1	싱가포르 도착	밤	19:55 싱가포르 창이 국제공항 도착 22:00 숙소 체크인
DAY 2	마리나베이, 리버사이드	아침	10:00 마리나베이 샌즈 11:00 스카이파크 전망대
		점심	13:30 점심 식사 추천 팜 비치 시푸드 레스토랑 15:00 머라이언 파크 산책 16:00 클라크 키 산책
		저녁	18:00 리버 크루즈 탑승 19:00 저녁 식사 추천 라우 파 삿 21:00 스펙트라 관람
DAY 3	마리나베이, 차이나타운	아침	10:00 가든스 바이 더 베이 11:00 클라우드 포레스트 & 플라워 돔
		점심	13:00 점심 식사 추천 맥스웰 푸드 센터 14:00 불아사 & 스리 마리암만 사원 16:00 차이나타운 거리 산책 & 쇼핑
		저녁	18:00 저녁 식사 추천 동베이런자 20:00 주얼 창이 관광 후 출국

BEST PLAN & BUDGET ❻

호커 센터부터
미슐랭 식당까지
미식 여행 코스

활기 넘치는 호커 센터에서 현지인들의 소울 푸드를 맛보고,
미슐랭 스타 셰프 레스토랑의 요리까지 경험하는 하루.
싱가포르의 독특한 음식 문화와 세계적인 미식 트렌드가
어우러진 특별한 코스를 살펴보자.

start!

09:30 미슐랭 레스토랑
조식
추천 호커 찬

▼ 도보 5분

10:00 차이나타운 거리

▼ 도보 5분

12:00 마리나베이 샌즈 내
스파고 다이닝 룸에서 런치타임

MRT로 17분 또는
▼ 자동차로 9분

14:00 애프터눈 티타임
추천 TWG

▼ 도보 3분

15:00 마리나베이 샌즈
관광

MRT로 18분 또는
▼ 자동차로 7분

17:00 클라크 키
리버 크루즈 탑승

▼ 도보 4분

19:00 칠리 크랩으로
저녁 식사
추천 점보 시푸드

MRT로 17분 또는
▼ 자동차로 4분

20:00 스모크 & 미러스에서
칵테일 한잔

BEST PLAN & BUDGET ❼

이국적인 도시 탐험 싱가포르 속 세계 여행

싱가포르의 다양한 문화를 하루 동안 경험해보는 특별한 여정.
차이나타운의 중국 문화, 향신료 향 가득한 리틀인디아의
인도 풍경, 아랍 스트리트의 중동 분위기, 캄퐁글램의 말레이
문화까지, 이국적 풍경 속으로 지구촌 여행을 떠나보자.

start!

09:00 차이나타운에서 조식
추천 야쿤
카야 토스트

▼ 도보 1분

10:00 불아사 &
차이나타운 거리

▼ MRT로 25분

12:00 리틀인디아 산책 &
점심 식사
추천 무투스 커리

▼ 도보 7분

13:00 무스타파 센터에서
기념품 쇼핑

▼ MRT로 16분 또는
자동차로 7분

15:00 캄퐁글램
술탄 모스크 관람

▼ 도보 1분

16:00 아랍 스트리트 &
부소라 스트리트

▼ 도보 3분

19:00 저녁 식사
추천 코코넛 클럽

▼ 도보 3분

21:00 하지 레인에서
나이트라이프
즐기기

여행비 부담
덜어주는
가성비 알뜰 여행

물가 비싼 싱가포르에서 알뜰 여행이 가능한 코스를
소개한다. 싱가포르는 걷기 좋은 공원을 비롯해 현지 감성이
가득한 장소가 다양하다. 입장료가 무료인 곳을 골라 천천히
구경하며 도보 여행을 즐기자.

start!

08:00 포트 캐닝 파크의
트리 터널

↓ 도보 3분

10:00 래플스 호텔 &
부티크 숍

↓ MRT로 17분 또는
도보 16분

12:00 점심 식사
추천 래플스 시티
쇼핑센터 내

↓ 도보 5분

14:00 내셔널 갤러리
싱가포르

↓ 도보 13분

16:00 머라이언 파크

↓ 도보 13분

18:00 라우 파 삿 또는
사테 스트리트에서
저녁 식사

↓ MRT로 20분

19:30 가든스 바이 더 베이
& 슈퍼트리 그로브

↓ 도보 15분

21:00 마리나베이 샌즈
스펙트라 관람

TIP

여기서 소개한 장소는 대부분 무료입장이며 도보나 MRT,
버스 등 대중교통을 이용해 갈 수 있다. 대중교통은 이지
링크 카드 혹은 싱가포르 투어리스트 패스를 사용하면 더
경제적이다. ▶ 교통카드 정보 2권 P.016

BEST PLAN & BUDGET ❾

쾌적하고 편하게!
빅 버스로 시티 투어

싱가포르를 방문하는 관광객을 위해 싱가포르 주요 관광
명소들을 오가는 빅 버스. 쾌적한 환경을 갖춘 2층 오픈형
버스를 타고 싱가포르의 랜드마크와 주요 명소들을 손쉽고
빠르게 둘러보자. ➠ 빅 버스 정보 P.046

start!

09:30 선텍 시티에서
빅 버스 탑승

▼ 빅 버스로 10분

10:00 싱가포르 플라이어
탑승

▼ 빅 버스로 5분

11:00 마리나베이 샌즈

▼ 도보 1분

12:00 숍스 앳 마리나베이
샌즈에서 점심 식사
추천 라사푸라
마스터스

▼ 빅 버스로 15분

13:30 가든스 바이
더 베이

▼ 빅 버스로 50분

15:00 싱가포르
보태닉 가든 산책

▼ 빅 버스로 25분

17:00 오차드로드 하차 후
자유 시간

▼ MRT로 30분 또는
자동차로 10분

19:00 클라크 키에서
저녁 식사 후
야경 즐기기

TIP

빅 버스는 오후 5시 이후 싱가포르 도심의 야경을 볼 수 있는
나이트 투어를 진행한다. 이는 선택 사항으로 별도의 티켓을
구매해야 한다. 나이트 투어를 하지 않는 경우는 자유로운
일정을 보낸다.

GET READY

떠나기 전에 반드시
준비해야 할 것

 **GET READY ❶**

싱가포르 항공권 구입하기 `D-120~60`

한국에서 싱가포르까지는 비행기로 6시간 10~50분 정도 소요된다. 대한항공, 아시아나항공, 싱가포르항공 등 메이저 항공사는 물론 티웨이항공 등 국내 저가 항공사도 싱가포르 직항 노선을 운항한다. 싱가포르 여행을 계획한다면 최소 2~4개월 전에 항공권을 확보해두는 것이 좋다.

● 한국-싱가포르 노선 운항 항공사

인천국제공항에서 싱가포르 창이 국제공항Changi Airport을 연결하는 직항 노선은 싱가포르항공, 대한항공, 아시아나항공, 티웨이항공, 스쿠트항공 등이 있으며 매일 운항한다. 김해국제공항에서는 제주항공이 매일 싱가포르 직항 편을 운항한다. 기타 외국계 항공사를 이용하는 경우 홍콩, 마카오, 말레이시아, 타이완 등을 1회 경유할 수도 있다. 항공사마다 운항 스케줄이 변동될 수 있으므로 홈페이지에서 정확한 스케줄을 확인하도록 한다.

─── TIP ───

도착 터미널 꼭 확인!

싱가포르 창이 국제공항은 동남아시아 허브 공항답게 터미널이 총 4개다. 항공사마다 이용하는 터미널이 다르니 자신이 타는 항공편이 도착하는 터미널을 꼭 확인해야 한다.
▶ 자세한 공항 정보 2권 P.008

직항 편
싱가포르항공 www.singaporeair.com
대한항공 www.koreanair.com
아시아나항공 www.flyasiana.com
티웨이항공 www.twayair.com
스쿠트항공 www.flyscoot.com
제주항공 www.jejuair.net

● 직항 노선 운항 스케줄

항공사	인천 출발 시간	싱가포르 도착 시간	비행시간	도착 터미널
*싱가포르항공	09:00 11:20 16:45 23:50	14:20 16:50 22:00 05:00(다음 날)	6시간 10~30분	T2 또는 T3
대한항공	14:35 18:40 23:35	19:55 23:40 05:00(다음 날)	6시간 35~50분	T4
아시아나항공	16:10	21:30	6시간 10~30분	T3
티웨이항공	16:10 19:00	21:30 00:45(다음 날)	6시간 20~45분	T3
스쿠트항공	11:30	17:00	6시간 30분	T1

*싱가포르항공은 아시아나항공 공동운항편임
※출발·도착 시간은 현지 시간 기준, 항공 스케줄은 사전 고지 없이 변동될 수 있음

 **GET READY ❷**

싱가포르 지역별 숙소 예약하기 `D-60`

싱가포르는 숙소 요금이 다른 동남아시아 국가에 비해 조금 비싼 편이다. 시내 중심부일수록 요금이 올라가고
외곽 지역으로 벗어날수록 낮아진다. 호텔 예약은 예약 사이트를 이용한다. 지역과 숙소 유형에 따라 특징이 조금씩
다르고 요금도 천차만별이니 자신의 취향과 예산, 일정 등에 맞춰 숙소를 선택한다.

● 숙소는 어디에 잡을까

❶ 마리나베이 ▸ 아름다운 시티 뷰와 랜드마크로 둘러싸인 최고급 호텔

싱가포르를 대표하는 마리나베이 샌즈 호텔을 비롯해 만다린 오리엔
탈 싱가포르, 풀러턴 호텔 싱가포르 등 최고급 호텔들이 포진해 있다.

> **장점** 마리나베이는 싱가포르의 핵심 관광 지역으로, 유명 랜드마크가 밀집해
> 있어 최고 수준의 5성급 호텔이 많다. 호텔 내에 편의 시설이 충분하고 다
> 양한 즐길 거리와 이벤트를 제공한다.

> **단점** 숙박비가 매우 높은 편이고, 투숙객 외에도 호텔 시설을 이용하는 관광객
> 이 많아 혼잡하다.

❷ 리버사이드 ▸ 낭만적인 리버 뷰와 한적한 분위기의 중급 호텔

보트 키에서부터 클라크 키, 로버트슨 키까지 이어지는 리버사이드를
따라 웨어하우스 호텔, 인터컨티넨탈 싱가포르 로버트슨 키, 패러독스
싱가포르 머천트 코트 등 중급 호텔이 자리하고 있다.

> **장점** 싱가포르강 주변을 따라 아름다운 경관이 펼쳐지고 다양한 레스토랑, 바
> 가 즐비하다. 역사적 건축물과 현대 시설이 공존하는 싱가포르의 매력을
> 경험할 수 있다.

> **단점** 나이트라이프 지역이라 주말 밤에는 소음이 있고, 일부 호텔은 대중교통
> 으로 이동하기 어려운 위치에 있다.

❸ 차이나타운 ▸ 현대적인 인테리어로 꾸민 저가 호텔

호텔 규모는 크지 않지만 편의 시설과 만족도 높은 서비스의 블리스 호
텔, 윙크 호텔 등 저가 호텔과 저렴한 호스텔, 캡슐 호텔이 모여 있다.

> **장점** 중국 문화와 역사를 체험할 수 있는 저렴한 숙박업소가 많다. 주변에는 현
> 지 음식을 부담 없이 즐길 수 있는 가성비 좋은 식당이 많다.

> **단점** 차이나타운은 밤늦게까지 복잡한 편이라 밤에도 소음이 있으며, 길이 좁아
> 걸어 다니기 불편하다.

❹ 오차드로드 ▸ 모던하고 세련된 스타일로 무장한 고급 호텔

글로벌 호텔 체인으로 유명한 힐튼, 풀만 싱가포르 오차드, 팬 퍼시픽
오차드, 포시즌스 호텔 싱가포르 등 5성급 호텔이 자리해 있다.

> **장점** 대중교통이 잘 연결되어 싱가포르 전역으로 접근성이 용이하다. 또 쇼핑몰
> 과 백화점 등이 모여 있어 편리하게 쇼핑하며 먹고 즐기기에 최적의 장소다.

> **단점** 숙박비가 비교적 높은 편이며 쇼핑가 세일 시즌에는 매우 혼잡하다.

❺ 리틀인디아 ▶ 인도 문화가 녹아 있는 저가 호텔

호텔 81, 캠벨 인, 이비스 버짓, 원더러스트 호텔 등 가성비 좋은 깔끔
한 호텔이 모여 있다.

> **장점** 저렴한 숙박 시설이 많다. 리틀인디아의 독특한 인도 문화와 현지 음식을
> 경험할 수 있고 인근에 슈퍼마켓인 무스타파 센터가 있다.

> **단점** 주변이 밝은 분위기는 아니어서 밤에 안전에 주의할 필요가 있으며, 혼잡
> 하고 소음이 많은 편이다.

❻ 센토사섬 ▶ 해변과 수영장을 갖춘 휴양형 리조트

가족 친화적인 대형 객실을 갖추고 부대시설이 충실한 리조트가 많다.
샹그릴라 라사 센토사 리조트 & 스파, 소피텔 싱가포르 시티 센터, 오
아시아 리조트 센토사 등이 대표적이다.

> **장점** 센토사섬 해변을 즐길 수 있는 리조트가 많다. 다양한 놀이 시설과 액티비
> 티 프로그램이 마련되어 있고, 복잡한 도심에서 벗어난 조용한 분위기의
> 리조트라 휴양 여행에 적합하다.

> **단점** 싱가포르 본섬에서 이동해야 하는 불편함이 있고, 숙박비가 비교적 높다.

● 싱가포르 숙소 유형별 특징

	최고급 호텔	고급 호텔	중급 호텔	저가 호텔	리조트
요금	S$800~	S$500~	S$300~	S$150 이하	S$300~
등급	5성급	4성급	3성급	1~2성급	4~5성급
특징	마리나베이 지역에 포진해 있으며 호텔 건물이 오랜 역사를 자랑하는 랜드마크인 경우도 많다.	도심 속 오차드로드와 시티 홀 주변에 자리한 현대식 건물로, 어디로든 접근성이 뛰어나다.	한적한 리버사이드 주변에 많다. 마리나베이 샌즈가 보이는 객실도 있고 기본 시설이 충실하다.	차이나타운과 리틀인디아 지역에 모여 있다. 소규모 호텔로 기본 시설은 갖췄지만 부대시설은 부족하다.	주로 센토사섬에 모여 있다. 야외 수영장과 스파, 키즈 클럽 등 부대시설을 풍부하게 갖췄다.

● 알아두면 유용한 숙소 이용 팁

❶ 공식 홈페이지에서 요금과 혜택 확인 필수

싱가포르의 호텔은 자사 공식 홈페이지를 통해 다양한 혜택을 제공한다. 공식 홈페이지에서 예약할 경우 레
스토랑 및 라운지, 마사지 시설 무료 이용 등의 혜택을 제공하는 경우가 많다. 시기마다 다른 프로모션을 진
행하니 호텔 예약 전 공식 홈페이지를 꼭 확인하자.

❷ 외곽 호텔에서 제공하는 무료 셔틀버스

싱가포르 중심가의 호텔은 요금이 비싸다. 요금이 저렴한 외곽에 있는 호텔은 MRT역까지 무료 셔틀버스를
운행하는 경우가 많다. 예약 전 운행 여부를 확인한다.

❸ 호텔 내 클럽 라운지 운영 여부

싱가포르 도심에 있는 호텔은 클럽 라운지를 운영하는 경우가 많은데, 객실 타입에 따라
이용 가능 여부가 달라진다. 클럽 라운지에서 조식은 물론 애프터눈 티,
칵테일 바 이용까지 투숙객에게 다양한 혜택을 무료로 제공한다.

❹ 에어비앤비 투숙은 불법

싱가포르에서 에어비앤비 같은 공유 숙박업은 불법이다. 단속에 걸릴 경
우 숙소 운영자는 물론 투숙객도 조사받고 벌금을 내야 할 수도 있다.

> **숙소 예약 추천 사이트**
> **아고다** www.agoda.com
> **부킹닷컴** www.booking.com
> **클룩** www.klook.com

 **GET READY ❸**

입장권과 각종 티켓 예매하기 `D-50`

싱가포르의 핵심 관광 명소를 방문할 경우 입장권과 각종 티켓을 사전에 예매하는 것이 좋다.
현장에서 바로 발권할 수도 있는데 가격이 비싸다. 자체 공식 홈페이지 또는 클룩 같은 여행 플랫폼을 통해 예약한다.
단, 취소 및 변경이 불가능한 경우도 있으니 유의해야 한다.

❶ 리버 크루즈

전통 범보트를 타고 싱가포르강을 따라 40여 분간 즐기는 선상 크루즈
로 싱가포르의 랜드마크들을 여유롭게 둘러볼 수 있다. 선셋 타임이나
스펙트라가 펼쳐지는 시간에 맞춰 타는 것이 좋다. 리버 크루즈는 2개
업체가 있는데 코스와 요금 모두 비슷하다. ▶ 자세한 티켓 정보 2권 P.055
예약 홈페이지 rivercruise.com.sg

❷ 빅 버스로 시티 투어

오픈 형태의 2층 투어 버스를 타고 싱가포르의 랜드마크들을 둘러볼 수 있는 노선을 따라 이동한다. 1일권
또는 2일권 티켓 구매 시 정해진 기간 내에 원하는 곳에서 승하차하며 자유롭게 관광 명소를 둘러볼 수 있다.
싱가포르의 야경 스폿으로만 운행하는 나이트 투어도 있다. ▶ 이용 정보 P.046
예약 홈페이지 www.bigbustours.com/en/singapore/singapore-bus-tours

❸ 유니버설 스튜디오 싱가포르

티켓은 기본 1일 입장권과 어트랙션별로 1회에 한해 빠르게 입장이 가
능한 익스프레스 티켓을 추가로 구입할 수 있다. 다만 배틀스타 갤럭티
카Battlestar Galactica, 캐노피 플라이어Canopy Flyer, 트레저 헌터Treasure
Hunter 등 일부 어트랙션은 익스프레스 티켓 사용이 불가하므로 이용할
어트랙션을 미리 정한 후 티켓 구입을 고려해야 한다.

▶ 자세한 티켓 정보 2권 P.131
예약 홈페이지 www.rwsentosa.com

❹ 가든스 바이 더 베이

보통 클라우드 포레스트, 플라워 돔이 포함된 기본 입장권을 구입한다. 슈퍼트리 그로브, OCBC 스카이웨이,
야외 오디오 투어, 식사 쿠폰 등 개인적으로 옵션을 추가해 콤보 패키지 형태로 티켓을 구입하기도 한다.
예약 홈페이지 www.gardensbythebay.com.sg

클룩 Klook
전 세계 여행지의 테마파크 입장권, 숙소, 액티비티, 각종 투어, 차량 서
비스 등을 매칭해주는 예약 플랫폼이다. 싱가포르는 할인 혜택이 커서
이용률이 높다. 싱가포르 내 대부분의 입장권, 교통편, 투어 상품 등의
티켓을 구입할 수 있다. 싱가포르 클룩 패스처럼 여러 투어 상품을 묶어
서 아주 저렴하게 판매하는 패스도 있다.
홈페이지 www.klook.com

싱가포르 관련 상품 보기

 **GET READY ④**

싱가포르 달러로 환전하기 `D-10`

최근 여행에서는 현지에서 사용 가능한 신용카드나 해외여행용 체크카드를 주로 사용하지만 싱가포르에서는 현금을 사용해야 하는 경우가 많다. 호커 센터에서 식사할 때나 센토사섬, 유니버설 스튜디오 싱가포르의 스낵 코너와 노점을 이용할 때는 현금 결제만 가능하다. 따라서 사용할 액수만큼 현금을 준비해 가야 한다.

`STEP 01`

우리나라에서 미화로 환전하기

우리나라에서 싱가포르 달러로 직접 환전하기보다는 일단 미화로 환전하고 현지에 도착해 싱가포르 달러로 재환전하는 것이 조건이 유리하다. 미화는 훼손되지 않은 깨끗한 US$100 지폐를 추천한다. 주거래은행 앱 등을 이용해 환전 신청을 하고 출국전날 환전하거나 당일 공항 내 환전소에서 바로 수령할 수도 있다.

환전 수수료 우대율이 높은 앱

트래블월렛 트래블로그 토스 환전 카카오페이 신한은행 쏠

`STEP 02`

싱가포르 도착 후 미화를 싱가포르 달러로 재환전하기

싱가포르에 도착한 후 미화를 싱가포르 달러로 재환전한다. 창이 국제공항 내 환전소, 또는 싱가포르 시내 금융 중심지인 래플스 플레이스 지역의 공식 환전소나 사설 환전소를 이용한다. 그날그날 환율 차이가 있지만 그리 큰 편은 아니니 필요할 때 환전하면 된다. S$5000 이상 환전하는 경우는 여권이 필요하며 환전소는 보통 오후 6시까지 운영한다.

● 싱가포르 현지 환전 시 주의 사항

❶ 공항 환전소
싱가포르 창이 국제공항의 환전소는 일반적으로 환율과 환전 수수료가 높은 편이다. 따라서 당장 필요한 최소 금액만 환전하고, 나머지는 시내 은행이나 신뢰할 수 있는 환전소에서 유리한 조건으로 환전한다.

❷ 시내 환전소
시내 환전소마다 환율과 환전 수수료가 다를 수 있으니 꼼꼼하게 비교한다. 특히 모바일 앱이나 웹사이트를 통해 실시간 환율을 확인하고 좋은 조건의 환전소를 이용한다. 보통 시내 환전소가 공항 내 환전소보다 환율 조건이 좋지만 지폐 빼내기, 위조 지폐 등으로 피해를 입지 않도록 주의해야 한다.

현지에서 필요할 때마다 출금하는 해외여행용 체크카드

최근에는 미화로 환전하는 과정 없이 앱을 통해 싱가포르 달러로 충전해 현지에서 바로 출금할 수 있는 해외여행용 체크카드를 많이 사용한다. 앱에서 싱가포르 달러를 입력하면 원화에 당일 환율이 적용되어 원하는 액수만큼 충전된다. 충전된 싱가포르 달러는 싱가포르 현지의 제휴 은행이나 ATM에서 바로 인출할 수 있다. 또 쇼핑몰이나 신용카드 사용이 가능한 식당에서 바로 결제가 가능하다. 제휴 은행 ATM에서 인출 시 수수료가 없어 여행자들 사이에 인기다. 현재 트래블월렛과 트래블로그를 많이 사용한다.

트래블월렛
Travel Wallet
홈페이지 www.travel-wallet.com
제휴 은행 유나이티드 오버시즈 뱅크 플라자UOB Plaza, 중국공상은행ICBC, 메이뱅크Maybank

트래블로그
Travel Log
홈페이지 www.hanacard.co.kr
제휴 은행 유나이티드 오버시즈 뱅크 플라자UOB Plaza, 중국공상은행ICBC, 메이뱅크Maybank, 홍콩상하이은행HSBC

● 현지에서 경비가 부족하다면?

❶ 신용카드

싱가포르는 한국처럼 호텔, 레스토랑, 쇼핑몰 등에서 신용카드 결제가 보편화되어 있다. 다만 노점이나 스낵 코너, 호커 센터 등에서는 현금 결제만 가능한 경우가 있으며, 신용카드 결제 시 수수료가 붙는다. 호텔의 경우 체크인할 때 디포짓deposit(보증금)으로 신용카드 번호를 요구하니 카드 1~2개 정도는 준비해둔다.

❷ ATM

트래블월렛과 트래블로그처럼 해외에서 사용 가능한 외화 충전식 해외여행자용 체크카드가 있으면 싱가포르 내 ATM에서 손쉽게 싱가포르 달러를 인출할 수 있다. 제휴 은행 ATM을 이용하면 수수료가 없고 제휴 은행이 아닌 ATM 이용 시에는 수수료가 붙는다.

 GET READY ⑤

싱가포르 비자 & 입국 카드 작성하기 D-10~3

관광 목적으로 싱가포르 방문 시 최대 90일까지 무비자 체류가 가능하며 그 이상 체류할 경우는 비자를 발급받아야한다. 싱가포르 입국 시 입국 카드를 작성하는데, 온라인으로 미리 간편하게 작성해 제출할 수도 있다.

● 관광 목적이면 90일까지 무비자

대한민국 여권을 소지한 여행자는 관광 목적으로 싱가포르에 방문할 경우 무비자로 90일까지 체류가 가능하다. 단, 여권 잔여 유효기간이 6개월 이하이거나 훼손된 여권을 소지한 경우 입국이 거부될 수 있다.

● 90일 이상 체류 시 비자 발급

사업, 취업, 학업 등의 목적으로 방문하려면 그에 적합한 비자가 필요하다. 싱가포르 비자 종류에는 사업 비자Entre Pass(EP), 취업 비자Employment Pass(EP), S패스S Pass(SP), 워크 퍼밋Work Permit(WP), 학생비자Student Pass 등이 있다. 비자 발급 신청 및 방법에 대해서는 외교부 또는 주싱가포르 대한민국 대사관 비자 관련 안내를 참고할 것.

주싱가포르 대한민국 대사관

● 싱가포르 입국 카드 Singapore Arrival Card(SGAC)

싱가포르 입국 카드 작성

싱가포르를 방문하는 모든 여행자는 도착 3일 전부터 공식 홈페이지에서 입국 카드를 작성해야 한다. 언어를 한국어로 바꾼 후 생년월일, 국적, 이메일 주소 등 개인 정보와 항공편, 숙소명과 주소 등 여행 정보를 입력해 제출하면 된다.

TIP

싱가포르 입국 카드를 사전에 제출하지 않았다면 싱가포르 창이 국제공항에 도착해서 현장에 비치된 싱가포르 입국 카드 전용 태블릿을 이용하거나 입국장에서 안내하는 QR코드를 스마트폰으로 스캔해서 모바일로 작성해 제출한다.

GET READY ❻

싱가포르 여행에서 유용한 앱과 사용법 D-5~3

여행지에서 길을 찾는 데 도움이 되는 구글맵, 공유 차량 호출 앱인 그랩과 고젝, 예약 플랫폼 클룩까지
싱가포르 여행을 할 때 도움이 되는 필수 앱을 살펴보고 간단히 사용법도 알아보자.

그랩 Grab

싱가포르 여행의 필수 앱으로 언제 어디서든 차량을 호출할 수 있다. 목적지까지의 요금과 차량, 이동 경로, 후기까지도 확인할 수 있다. 한국에서 미리 카드 정보를 등록하고 가면 편리하다.

고젝 Gojek

앱 다운로드, 화면, 결제 방식, 서비스 등 모든 것이 그랩과 동일하다. 다만 동일한 지역과 목적지라도 그랩과 요금 차이가 나므로 이용 전 비교해보고 선택한다. 결제는 카드와 현금 모두 가능하다.

구글맵 Google Maps

싱가포르 현지의 상세한 지도를 제공한다. 목적지까지의 거리, 이동 방법, 소요 시간 등을 안내해주며 관광 명소, 레스토랑, 숙소 등의 운영 시간, 전화번호, 메뉴, 요금 등의 정보도 확인 가능하다.

왓츠앱 WhatsApp

싱가포르 현지인이 많이 사용하는 메신저 앱이다. 호텔, 레스토랑, 카페, 스파 등 예약이 필요한 모든 업소와 연계가 가능하다. 각종 미디어 공유와 채팅, 통화도 할 수 있다.

파파고 Papago

네이버에서 개발한 번역 앱으로 기본적으로 영어를 지원한다. 한국어로 내용을 입력하면 영어로 바로 번역되어 편리하게 이용할 수 있다. 음성 번역과 메뉴판 같은 이미지 번역도 가능하다.

클룩 Klook

여행 플랫폼으로 다양한 예약 서비스를 제공한다. 전세 차량, 공항 픽업, 심 카드, 각종 액티비티 투어까지 앱으로 예약과 결제가 가능해 싱가포르 여행 시 중요한 앱으로 통한다.

마이 센토사 My Sentosa

센토사섬에 들어가는 방법과 명소, 교통수단, 테마파크, 어트랙션 등에 관한 정보를 안내한다.

유니버설 스튜디오 싱가포르 Universal Studios Singapore

공식 앱으로 모든 어트랙션의 대기 시간 현황뿐 아니라 프로모션 정보를 실시간으로 제공한다. 공연 일정, 식당 메뉴 등의 정보를 확인해 현장에서의 혼잡함을 줄일 수 있다.

싱가포르에서 그랩 호출하는 방법

①

앱 스토어나 구글 플레이에서 'Grab'을 검색해 앱을 다운받은 후 구글 계정, 페이스북 계정, 스마트폰 번호를 등록하고 회원 가입을 한다.

②

방문지 위치 또는 주소를 설정하고 출발지(현재 위치)를 정확히 입력한다. 출발지는 GPS 기능으로 자동으로 잡히기도 한다.

③

요금은 그랩 차종에 따라 조금씩 다르다. 원하는 차량을 선택하는데 '4 Seats GrabCar'를 많이 이용한다. 적용 가능한 할인 쿠폰이 있으면 사용한다.

④

픽업 장소에서 가까운 곳에 있는 그랩 차량이 자동 배정된다. 싱가포르 시내의 경우 대기 차량이 많아 비교적 빠르게 배정된다.

⑤

차량이 배정되면 차량 위치와 소요 시간이 표시된다. 또 차종, 차량 번호와 함께 운전기사 얼굴 사진을 제시하니 확인 후 탑승한다.

⑥

하차 시 등록해둔 신용카드로 자동 결제되도록 하거나 현금으로 지불한다. 신용카드 결제 시 한국에서 미리 등록해두면 편리하다.

❶ 4 Seats GrabCar
1~4인승 일반 승용차로 그랩
중 가장 많이 이용한다.

❷ 6 Seats GrabCar
1~6인승 차량으로 인원이
많거나 짐이 많을 때 이용한다.

❸ GrabFamily
8세 이하의 아이가 있을 때
이용해야 하는 차량으로 최대
6인까지 탑승 가능하다.

그랩 추가 요금 FEES / SURCHAGES
싱가포르 그랩은 택시와 마찬가지로
대기 요금(waiting time fee),
목적지 변경 요금(destination change fee),
톨게이트 요금(toll fee) 등이 추가된다.
결제 시 안내해준다.

FEES / SURCHARGES	
Waiting Time Fee	$3 for every 5 minutes, with a grace period of 3 minutes
Destination Change Fee	$3 per change, limited to one change per ride
Toll Fee	EPR (inclusive of any ERP for Fuji Xerox drop-off) or entry fee into Sentosa incurred from pickup to drop-off location

놓치지 마세요!

그랩 할인 쿠폰 활용하기

싱가포르 여행 중 자주 사용하는 그랩 앱은 수시로 할인 프로모션과 쿠폰을 제공한
다. 특히 창이 국제공항에서는 투어리스트 디스카운트 팩Tourist Discount Pack 쿠폰
을 사용할 수 있다. 쿠폰은 그랩 활성화 시 자동으로 표시되며 QR코드를 통해 제공
받을 수도 있다. 차량 이용 관련, 그랩 푸드 할인 등 다양한 혜택을 받을 수 있다.

그랩 푸드로 배달 음식 주문하기

그랩 접속 후 'Food'를 누르면 배달이 가능한 업소들이 표시된다. 원하는 메뉴를
주문하고 배달을 요청하면 그랩 오토바이 기사가 배정되어 픽업 장소로 음식을 배
달해준다. 숙소 밖으로 나가기 힘들거나 주변에 식당이 없는 경우 유용하다. 결제
는 사전에 등록한 신용카드로 자동 결제되게 하거나 배달 기사에게 현금으로 직접
지불한다. 다만 배달 음식 반입 규정은 숙소마다 다르니 사전에 문의한다.
그랩 접속 ▶ 메인 화면에서 'Food' 클릭 ▶ 메뉴 선택 ▶
결제(현금은 배달 기사에게 직접 지불) ▶ 주문한 음식 수령

그랩과 비슷한 플랫폼

타다 TADA

그랩과 비슷한 서비스를 제공하는 플랫폼으로 이용 방법도 그랩과 유사하다. 사전
에 다운로드한 앱을 통해 차량을 호출한다. 동일한 지역, 동일한 거리라 해도 타다
와 그랩 두 회사 간에 요금 차이가 있으니 비교해보고 저렴한 곳을 이용한다. 대체
로 그랩이 조금 더 저렴한 편이다.

카카오택시 KakaoT

한국에서 이용하는 카카오택시를 싱가포르에서도 이용할 수 있다. 다만 그랩이나
타다 같은 다른 유사한 플랫폼에 비해 요금이 15~20% 정도 비싸기 때문에 이용
자는 적은 편이다.

GET READY ⑦

데이터 선택하기 `D-5`

싱가포르에서는 심 카드 또는 포켓 와이파이를 이용해 무선 인터넷을 사용할 수 있다. 현지에서 심 카드를 구입하거나 한국에서 미리 호환되는 심 카드를 구입하는데 각각 장단점이 있으니 여행 일정과 인원, 국내 통신사의 해외 로밍 서비스 등 기능과 서비스를 비교해보고 나에게 더 맞는 종류를 선택한다.

	심 카드		포켓 와이파이
	유심 USIM	이심 ESIM	전용 단말기
데이터	1일 1GB	1일 1GB	1일 1.5GB
가격	1일 1000원~	1일 1500원~	1일 3900원~
구입	온라인으로 사전 구입 또는 현지 구입	온라인으로 사전 구입 또는 현지 구입	온라인으로 사전 구입만 가능, 현지 구입 불가능
수령	택배 수령, 싱가포르 창이 국제공항 및 시내 심 카드 판매점	온라인으로 다운로드	한국 출발 공항에서 수령 및 반납
장점	• 저렴한 가격 • 현지 번호가 있는 유심 선택 가능 • 일행끼리 현지 통화 가능 • 현지에서 구입 가능	• 휴대폰으로 간편한 설치 • 심 카드 교체 번거로움이 없음 • 분실 걱정 없음 • 현지에서 구입 가능	• 1대로 여러 명이 동시 사용 가능 • 배터리 소모 적음 • 로밍 서비스 가능 • 태블릿, 노트북 등 전자 기기 함께 사용 가능
단점	• 한국에서 오는 전화, 문자 수신 불가능 • 기기 호환성 확인 필요 • 심 카드 교체 번거로움 있음 • 기기 잠금 해제 확인 • 통화 요금 확인 필요	• 유심보다 비싼 요금 • 모든 기기에서 지원되지 않음, 자신의 휴대폰 기종의 이심 지원 여부 확인 • 설치 방법 숙지 필요 • 휴대폰 배터리 소모 빠름	• 심 카드보다 비싼 요금 • 일행이 개별 이동 시 인터넷 사용 제한 있음 • 배터리 충전 필요 • 반납의 번거로움 • 분실, 파손 시 높은 비용 발생 가능

TIP

심 카드 이용 시 주의 사항

• 데이터 사용량이 많거나 여러 기기를 사용한다면 포켓 와이파이, 간편함을 원한다면 이심, 현지 번호가 필요하다면 유심이 적합하다.

• 한국에서 혹은 싱가포르 현지에서 구입한 심 카드를 즉시 설치해 테스트해본다. 불량 제품이라면 새로 구입하거나 교체해야 한다. 특히 그랩, 왓츠앱의 경우 전화번호 인증이 필요하므로 그 자리에서 앱 인증과 실행까지 모두 마치는 것이 좋다.

• 싱가포르 현지에서 심 카드를 구입, 교체할 경우에는 기존에 사용하던 심 카드를 분실하지 않도록 잘 챙겨둔다.

알아두면 쓸모 있는 싱가포르 여행 팁

물가 비싼 싱가포르에서 하루 여행 예산은 얼마나 잡는 게 적당할까요?

➡ 1일 평균 약 11만 3000원(숙박비 제외)

싱가포르에서 교통비는 그리 비싸지 않지만 관광지 입장료와 식사, 음료 등의 물가는 생각보다 비싸다. 유니버설 스튜디오 싱가포르 입장권은 한국에서 미리 예매하면 좀 더 저렴하다. 식사는 일반 레스토랑의 경우 1인 기준 S\$10~20 정도이고 음료 가격도 상당히 비싼 편이다. 호커 센터나 푸드 코트를 적절하게 이용하면 경제적인 소비가 가능하다.

여행 스타일에 따른 하루 예산(1인 기준)

분류	기본형			알뜰형		
	종류		요금	종류		요금
숙박료	4성급 이상 호텔		1박 25만 원~	2~3성급 리조트		1박 10만 원~
식사비	아침	리조트 조식	0원	아침	리조트 조식	0원
	점심	대표 맛집	1만 5000원~	점심	로컬 식당	8000원~
	간식	인기 카페	1만 원	간식	로컬 카페	7000원~
	저녁	대표 맛집	2만 원~	저녁	로컬 식당	1만 원~
입장료	가든스 바이 더 베이(유료+무료 이용)		3만 2000원	가든스 바이 더 베이(무료만 이용)		0원
	리버 크루즈		3만 원	리버 크루즈		3만 원
	마리나베이 샌즈 스카이파크 전망대		3만 4000원	숍스 앳 마리나베이 샌즈, 스펙트라 관람		0원
교통비	대중교통, 그랩 또는 택시		2만 원	대중교통, 도보, 그랩		1만 원
하루 예산	41만 1000원~			16만 5000원~		

싱가포르 날씨는 연중 덥고 습한데 특별히 피해야 하는 시기가 있나요?

➡ 3월부터 시작되는 연무(헤이즈haze) 주의

연무는 인도네시아의 불법 화전 농업이 주요 원인으로, 여기서 발생한 연기가 바람을 타고 싱가포르로 이동한다. 보통 3~5월, 9~10월 사이에 발생하는데 다행히 최근 몇 년간 연무가 눈에 띄게 줄었다. 연무가 발생하면 시야가 뿌연 날이 이어지고 대기 질이 악화될 가능성이 높다. 이 시기에는 싱가포르 정부에서도 장시간 야외 활동을 피하고 외출 시 마스크를 착용하도록 권장한다. 여행 시에는 가급적 실내 관광지 위주의 일정을 짜는 것이 좋다.

환전은 얼마나 하는 게 적당할까요?
신용카드 사용은 자유롭나요?

➡ **현금은 1인 하루 기준 S$15~30 정도**

관광 명소와 레스토랑, 대형 슈퍼마켓에서는 대부분 신용카드 사용이 가능하다. 그러나 노점, 호커 센터 등 신용카드 사용이 불가능한 곳도 있으니 만약의 상황에 대비해 현금을 준비해 가는 것이 좋다. 단, 레스토랑에서 신용카드 사용 시 수수료가 붙는 경우가 있으니 방문 전 체크하는 것이 좋다.

싱가포르 달러 화폐 한눈에 파악하기

싱가포르의 화폐 단위는 싱가포르 달러Singapore dollar(기호 S$ 또는 SGD)다. 현지에서는 싱달러Sing dollar 또는 싱Sing으로 부르기도 한다. 지폐는 S$2, S$5, S$10, S$50, S$100로 5종류, 동전은 ¢1, ¢5, ¢10, ¢20, ¢50, S$1로 6종류가 통용된다. 특이하게 싱가포르 달러 지폐는 S$2부터 시작하고 S$1는 동전이다.

싱가포르 화폐 종류

S$2

S$5

S$10

S$50

S$100

¢1

¢5

¢10

¢20

¢50

S$1

FAQ 4

성인 2명, 아이 1명이 호텔에 묵을 경우 2인실을 예약해도 되나요?

▶ **호텔마다 규정 다름**

예약하기 전에 호텔에 직접 문의하는 것이 가장 확실한 방법이다. 숙소 예약 사이트에서 안내하는 규정과 실제 호텔 규정이 다를 수 있고, 호텔 예약 시 예상치 못한 추가 요금이 발생하는 경우가 많다. 추가 베드 요금과 식사 규정 역시 호텔마다 다르다.

FAQ 5

가족여행, 커플 여행, 나 홀로 여행 등 여행 동반자에 따른 숙소 선택 팁을 알려주세요.

▶ **객실 타입과 홈페이지 프로모션 체크 필수**

4인 이상의 가족여행인 경우 커넥팅룸이나 패밀리룸, 간단한 조리가 가능한 레지던스 타입의 숙소를 추천한다. 커플이나 신혼부부는 2명에게 애프터눈 티, 디너 등의 혜택을 제공하는지 홈페이지에서 체크한다. 나 홀로 여행자라면 싱글룸 타입 객실을 운영하는 호텔을 이용하는 게 조금 더 합리적이다.

FAQ 6

아이와 함께 그랩 탑승 시 주의해야 할 사항이 있나요?

▶ **그랩패밀리GrabFamily 탑승**

싱가포르에서는 8세 이하 또는 키 135cm 이하의 아이가 차량에 탑승하는 경우 카시트 이용이 의무 사항이다. 따라서 그랩 이용 시 카시트가 장착된 그랩패밀리 GrabFamily 타입의 차량을 선택해야 한다. 단, 일반 택시는 예외로 카시트 없이도 아이와 함께 탑승이 가능하다.

FAQ 7

성인 4명, 아이 1명이 일반 택시 한 대에 탑승할 수 있나요?

▶ **No!**

싱가포르 택시의 탑승 인원 규정에 따르면, 일반 택시 4인 기준은 성인 4명까지 탑승 가능하다. 아이를 동반하는 경우는 성인 3명, 아이 2명 또는 성인 2명, 아이 3명 또는 성인 1명, 아이 4명이 탑승할 수 있다. 따라서 이 경우는 세단 형태의 승용차로 운행하는 4좌석 택시4 Seats GrabCar가 아닌, 6인까지 탑승 가능한 SUV나 밴 형태의 맥시 캡Maxi Cab을 이용해야 한다. 택시 업체별 앱을 통해, 또는 택시 승차장에 마련된 벨을 눌러 호출한다.

FAQ 8

싱가포르에서 팁은 필수인가요?

▶ 별도의 팁 불필요

호텔과 레스토랑 등에서 지불하는 모든 금액에는 봉사료 10% 와 GST(부가가치세) 9%가 포함되므로 따로 팁을 주지 않아도 된다. 레스토랑에서 식사할 때는 음식값에 19%를 더해 계산한 다. 간혹 메뉴 옆에 ++ 같은 기호가 적혀 있는데, 이는 봉사료 와 소비세가 추가된다는 의미다.

FAQ 9

싱가포르에서 밤늦게까지 아이와 같이 돌아다녀도 되나요?

▶ 치안은 안전한 편

싱가포르는 세계적으로도 안전 한 나라로 꼽히기 때문에 안전이 나 치안은 크게 걱정하지 않아도 된다. 다만 아무리 치안이 좋다 할지라도 늦은 시간이나 인적이 드문 골목, 리틀인디아 지역 등 은 혹시 모를 사고를 대비해 피하는 것이 좋다. 특히 여성 혼자 또는 아이와 함께인 경우는 여행자들이 많이 찾는 관광지 위주 로 여행하는 게 좋다.

FAQ 10

싱가포르에 담배를 가져가도 되나요?

▶ 전자 담배를 포함한 모든 담배 반입 금지

싱가포르는 원칙적으로 전자 담배와 일반 담배, 씹는 담배, 물 담배 등 모두 종류의 담배 반입이 금지다. 출국 시 국내 면세점 에서 구입한 담배도 반입 금지라는 점을 꼭 기억해야 한다. 흡 연자라면 현지에서 SDPC 마크가 있는 담배를 구입해야 하 며, 흡연 지정 장소(흡연 부스 또는 재떨이가 구비되어 있는 곳) 에서만 흡연 가능하다. 흡연 구역 외의 장소에서 흡연을 하거나 SDPC 마크가 없는 담배를 피우다 사복 경찰에게 발각되면 담 배 1갑당 S$200의 벌금이 부과된다.

FAQ 11

호텔에서 두리안을 먹을 수 있나요?

▶ 두리안은 공공장소에 반입 불가

두리안은 특유의 향 때문에 호텔, 레스토랑, 카페, 대중교통 등 공 공장소에서 반입을 금지하는 경 우가 많다. 따라서 슈퍼마켓이나 시장, 과일 가게 등에서 구입해 그 자리에서 먹는 것이 좋다. 두 리안은 보통 5~6월부터 시중에 나오며 8월이 제철이다.

FAQ ⑫

싱가포르에서
판매하는 진공포장한
육포를 한국으로
가져갈 수 있나요?

국내 반입 금지

육포의 경우 싱가포르 공항 면세
점에서 구입했거나 진공포장한
것도 국내 반입이 금지되어 있다.
일체의 육포 제품이 반입 금지이
니 현지에서 먹고 오는 걸로 만족
해야 한다.

FAQ ⑬

밤에는 주류 구입이
불가능하다고 하던데
몇 시까지 구입할 수
있나요?

구입 가능 시간은 평일 오전 7시~오후 11시 (주말은 오후 7시까지)

싱가포르는 주류통제법으로 주류 판매 가능 시간이 정해져 있
다. 평일은 밤 11시까지, 주말은 저녁 7시까지 구입 가능한데 결
제 시간이 기준이다. 또한 주류 판매 금지 시간에는 모든 공공장
소(공원, 거리, 야외, 실내, 클라크 키 강변)에서 음주도 허용되
지 않는다. 다만 호텔 같은 개인 공간과 레스토랑, 바, 펍, 카페
등 주류 판매 허가를 받은 업소에서는 자유롭게 마실 수 있다.

FAQ ⑭

싱가포르는 유아
휴게실이 잘 갖춰져
있나요?

주요 쇼핑몰과 백화점에 유아 휴게실 운영

시설은 장소마다 조금씩 차이가 있지만 기본적인 수유 공간, 기
저귀 교환대, 세면대 등은 잘 갖춰져 있다. 기저귀 자판기는 물
론 기저귀 배출용 비닐도 마련되어 있다. 유아 휴게실은 'Baby
Care Room', 'Nursing Room' 등으로 표시되어 있다.

FAQ ⑮

관광 명소에서
유아차를 대여해주는
곳이 있나요?

마리나베이 샌즈, 유니버설 스튜디오 싱가포르

유아차를 대여해주는 관광 명소는 유
니버설 스튜디오 싱가포르와 마리나
베이 샌즈 정도다. 호텔의 경우 사전
에 대여 가능한지 문의한다. 현지에
서 유아차를 구매하려면 쇼핑몰이
나 토이저러스 같은 유아용품 판매처
를 이용한다. 유아차를 가지고 다니
면 에스컬레이터를 이용할 수 없는 경우도 있다. 한국에서 유아
차를 가져가려고 할 때는 반드시 항공사 규정을 확인해야 한다.
대한항공 국제선의 경우 세 변의 합이 115cm 이내라면 기내
반입이 가능하다. 115cm 이상일 때는 탑승구에서 위탁 수하물
로 처리해야 한다.

FAQ ⑯

펍이나 바에 아이를 데려가도 되나요?

➡ ### 미성년자는 입장 불가

펍이나 바에 미성년자는 출입할 수 없다. 다만 식사하면서 술을 마시는 야외 좌석의 경우 입장이 가능한 경우도 있으니 방문 전 직접 문의해 보는 것이 좋다. 참고로 카지노 입장 시에는 여권을 꼭 지참해야 하며 21세 이상 출입 가능하다.

FAQ ⑰

싱글리시Singlish가 무엇인가요?

➡ ### 싱가포르에서만 사용하는 변형된 영어 단어

싱글리시는 싱가포르Singapore와 영어English의 합성어로 싱가포르에서만 사용하는 독특한 영어를 의미한다. 표준 영어와는 여러 면에서 차이가 있는데 가장 큰 차이는 사용하는 단어와 문법 구조, 발음이다. 싱글리시에서는 보통 문장 끝에 'lah'나 'leh' 같은 조사를 붙이는 것이 특징이며, 이는 문장을 강조하거나 감정을 나타내는 역할을 한다. 또 주어가 생략되거나 동사 시제가 통일되는 경우가 많아 'I go' 대신 'Go already'라는 표현을 쓰기도 한다. 그뿐 아니라 특정 발음의 변화, 예를 들어 'r'이 'l'로 바뀌는 현상도 있다. 'very'를 'vely', 'already'를 'oreddy'처럼 발음하기도 한다.

싱글리시의 주요 단어

Can	'yes'의 의미
Close the light	방 안, 사무실 등의 불을 끄라는 의미
Catch no ball	이해하지 못했다는 의미
Can hor?	'Are you certain?'과 같은 의미로 확실한지 물어볼 때 사용
Sorry lah	'I'm sorry'와 같은 의미
Wha, damn solid!	'Very tasty!'와 동일한 맛있다는 의미
Chope	'어떤 장소나 자리를 예약하다'라는 의미
Auntie	중년 여성이나 어머니 같은 존재를 의미
Uncle	중년 남성이나 아버지 같은 존재를 의미
Ang moh	백인을 의미

FAQ ⑱ 지갑, 가방 분실 등으로 현지에서 여행 경비 조달이 필요한 상황이라면?

▶ 신속 해외 송금 지원 제도 이용

신속 해외 송금 지원 제도는 해외에서 일시적으로 궁핍한 상황에 처한 대한민국 국민에게 1회 최대 미화 3000달러까지 지원해주는 제도. 지원 기준은 해외여행 중 현금이나 신용카드를 분실 및 도난당했거나 교통사고나 갑작스러운 질병을 앓게 된 경우, 자연재해 등으로 긴급 상황이 발생한 경우 등이다. 송금이 필요한 여행자가 재외공관에 방문해 신청서를 작성하면 국내 연고자가 외교부 계좌로 입금하고 이를 확인 후 재외공관을 통해 긴급 경비를 지원해준다.

주싱가포르 대한민국 대사관 +65 6256 1188 **영사콜센터** +82 2 3210 0404

FAQ ⑲ 여권을 분실했다면?

▶ 긴급 여권 발급

여권 분실 시에는 대사관에서 긴급 여권을 발급받아야 한다. 우선 가까운 경찰서에 도난 신고를 한 다음 여권 사본, 여권용 사진 2매, 항공권, 수수료 S$66를 준비한다(단, 증빙 서류를 제출해 긴급 사유로 인정 시 수수료 S$21). 주싱가포르 대한민국 대사관에 가서 여권 분실 신고서와 여권 발급 신청서를 작성해 제출한다. 긴급 여권 발급에는 보통 하루가 소요되며 귀국 후에는 긴급 여권을 사용할 수 없고 일반 여권으로 재발급받아야 한다.

주싱가포르 대한민국 대사관
주소 47 Scotts Rd Goldbell Towers, Singapore #08-00(대사관)/#16-03(영사과)
문의 대표 전화 +65 6256 1188 **FAX** +65 6258 3302
긴급 전화(사건·사고, 근무시간 외) +65 9654 3528
운영 업무 시간 월~금요일 09:00~12:30, 14:00~18:00 / **영사 민원**(여권, 공증, 비자 등)
월~금요일 09:00~17:00(비자 업무 09:00~11:30, 점심시간 12:30~14:00)

⭐ 긴급 상황 발생 시 대처법

외교부의 지원이 필요하면 영사콜센터 이용

영사콜센터는 해외에서 사건·사고 또는 긴급 상황에 처했을 때 도움을 주는 상담 서비스로 연중무휴 24시간 운영한다. 긴급 상황 시 7개 국어(영어, 중국어, 일본어, 베트남어, 프랑스어, 러시아어, 스페인어) 통역 서비스도 제공한다. 단, 개인적인 용무를 위한 통화는 불가능하며, 해외에서의 사건·사고나 위기 상황, 긴급 의료 상황 발생 시 초기 대응에 필요한 통역을 지원한다.

영사콜센터(서울, 24시간) +82 2 3210 0404
무료 전화 앱 와이파이 환경에서 음성 통화료 부가 없이 무료로 영사콜센터 상담 전화를 사용할 수 있다. '카카오톡 상담 연결하기'(카카오톡 채널에서 '영사콜센터' 검색)를 통해서도 가능하다.
휴대폰 유료 통화 +82 2 3210 0404로 전화 연결한다. 싱가포르 입국과 동시에 자동으로 수신되는 영사콜센터 안내 문자에서 통화 버튼을 누르면 바로 연결된다.
일반 전화 무료 연결 8000 820 820 또는 8000 820 000 + 5를 눌러 전화 연결한다.

신용카드를 분실했을 때

싱가포르 여행 중 신용카드 또는 체크카드 등을 잃어버렸다면 즉시 카드 회사 앱을 통해 다른 사람이 사용할 수 없도록 분실 신고부터 해야 한다. 스스로 하기 어려운 상황이라면 가족에게 연락해 카드 사용을 중지시키도록 한다.

국민카드 +82 2 6300 7300　　　　　　　　　**씨티카드** +82 2 2004 1004
신한카드 +82 2 3420 7000　　　　　　　　　**우리카드** +82 2 6958 9000
삼성카드 +82 2 2000 8100　　　　　　　　　**현대카드** +82 2 3015 9000
하나카드 +82 1800 1111

FAQ ⑳

해외에서 예기치 않은 질병에 걸리거나 부상을 입었다면?

➡ 119 응급 의료 상담 서비스 이용 또는 가까운 병원 방문

대한민국 국민이라면 365일 24시간 누구나 쉽고 간단하게 응급의학과 전문의에게 상담을 요청할 수 있다. 외교부 영사콜센터(02-3210-0404)로 전화 연결 후 소방청(044-320-0119)을 통해 상담받을 수 있다. 싱가포르 현지에서 병원 치료를 받아야 한다면 응급이 아닌 경우 가까운 시내 병원으로 간다. 싱가포르 의료 시설과 수준은 높은 편이다.

상담 요청 방법

문의 +82 44 320 0119
카카오톡 플러스친구 추가 소방청 응급의료 상담서비스

싱가포르 응급 구급차 요청 번호

긴급 995
일반 1777

24시간 운영하는 대표 의료 기관

• **래플스 병원(Raffles Hospital)** 한국어 지원
　주소 585 N Bridge Rd
　문의 +65 6311 2222

• **싱가포르 종합병원(SGH)**
　주소 Singapore General Hospital, Outram Rd
　문의 +65 6222 3322

• **창이 종합병원(CGH)**
　주소 2 Simei St 3
　문의 +65 6788 8833

• **알렉산드라 병원(AH)**
　주소 378 Alexandra Rd
　문의 +65 6908 2222

• **내셔널 대학 병원(NUH)**
　주소 5 Lower Kent Ridge Rd
　문의 +65 6908 2222

래플스 병원

싱가포르 여행 준비물 체크 리스트

● 현지에서 요긴하게 사용하기 위한 준비물

☑ **신나는 물놀이를 위한 비치웨어**

싱가포르는 워터파크나 호텔 수영장에서 물놀이를 즐기기 좋다. 물놀이용 장난감, 튜브, 구명조끼 등은 리조트에 준비되어 있어 가져갈 필요가 없고 수영복 등 개인용 물품은 챙겨 가는 것이 좋다.

☐ **무더위를 식혀줄 쿨링 제품**

싱가포르는 한국보다 더운 편이라 더위를 막아줄 아이템을 챙겨 간다. 야외 활동 시 강한 햇볕을 막아줄 선글라스, 모자, 자외선 차단 제품, 휴대용 선풍기나 쿨 스카프, 쿨 토시 등이 도움이 된다.

☐ **개인 휴대용품**

번화가나 대로변에 위치한 숙소의 경우 늦은 밤까지 음악 소리, 차량 소음 때문에 숙면을 취하기 어려울 수 있다. 외부 소음에 민감하다면 귀마개를 챙겨 간다. 개인 방역 및 연무 기간에 대비한 마스크도 유용하다.

☐ **물티슈, 텀블러**

싱가포르 레스토랑에서는 물티슈 사용 시 돈을 지불해야하는 경우가 많다. 칠리 크랩을 먹으려면 물티슈가 반드시 필요하니 휴대용 물티슈를 준비해가도록 한다. 또 식당이나 카페 등에서 물을 제공하지 않는 경우가 많으니 휴대하기 간편한 텀블러도 챙겨가면 유용하다.

☐ **보조 배터리**

싱가포르 여행 시 보조 배터리는 필수! 테마파크 방문 시 전용 앱을 구동해 하루 종일 돌아다녀야 해서 스마트폰 배터리가 빨리 소모되기 쉽다. 스마트폰이 방전되면 그랩 같은 호출 앱 이용도 불가능하니 보조 배터리 용량이 1만 mAh(밀리암페어시) 이상인 것이 좋다. 단, 이용 항공사 규정 확인.

☐ **싱가포르 전용 플러그**

국내 전자 제품을 싱가포르에서 그대로 사용 가능하지만 싱가포르는 플러그 형태가 한국과 다른 3핀(BF) G타입 콘센트 모양으로, 소형 전자 제품의 충전기를 연결할 수 있는 멀티플러그를 따로 준비해야 한다.

싱가포르 여행 시 옷차림은 어떻게 해야 할까?
싱가포르는 열대성 기후로, 연중 기온과 습도가 높은 편이다. 땀이 나는 것을 대비해 가볍고 통기성 좋은 면 소재의 상하의와 원피스, 발이 편한 샌들을 준비해 가는 것이 좋다. 갑작스러운 스콜에 대비한 접이식 우산이나 방수 샌들도 챙겨 가자.

🌑 꼭 챙겨야 하는 필수 준비물

항목	준비물	체크
필수품	여권	☑
	비자	☐
	전자 항공권(E-ticket)	☐
	여행자 보험	☐
	숙소 바우처	☐
	여권 사본(비상용)	☐
	여권용 사진 2매(비상용)	☐
	현금(미국 달러)	☐
	신용카드(해외 사용 가능)	☐
	국제 학생증(26세 이하 학생)	☐
전자 제품	휴대폰 충전기	☐
	멀티 어댑터	☐
	멀티 플러그	☐
	카메라	☐
	카메라 충전기	☐
	카메라 보조 메모리 카드	☐
	보조 배터리	☐
	휴대용 선풍기	☐
	이어폰	☐
	손목시계	☐
	심 카드	☐
	드라이기 또는 고데기	☐
미용 용품	세면도구	☐
	화장품	☐
	자외선 차단제	☐
	여성용품	☐
	화장솜, 면봉, 머리끈	☐
	손거울	☐
의류 및 신발	옷(상의, 하의)	☐
	겉옷(얇은 긴소매 또는 점퍼)	☐
	속옷	☐

항목	준비물	체크
의류 및 신발	잠옷	☐
	양말	☐
	수영복	☐
	쿨 스카프, 쿨 토시	☐
	모자	☐
	선글라스	☐
	실내용 슬리퍼	☐
	신발(운동화, 샌들)	☐
비상약	소화제	☐
	지사제	☐
	해열제	☐
	종합 감기약	☐
	아쿠아 밴드	☐
	연고류	☐
	화상 크림	☐
	모기 · 벌레 퇴치제	☐
비상 식품	컵라면	☐
	통조림류	☐
	김	☐
	즉석 밥	☐
	고추장	☐
기타	빨래집게, 접이식 옷걸이	☐
	우산, 우비	☐
	샤워기 필터	☐
	자물쇠	☐
	물놀이용품	☐
	지퍼백, 비닐봉지	☐
	귀마개	☐
	수면 안대	☐
	귀마개	☐
	휴대용 물티슈	☐
	마스크	☐

2025–2026
NEW EDITION

팔로우 싱가포르

팔로우 싱가포르

1판 1쇄 인쇄　2025년 4월 14일
1판 1쇄 발행　2025년 4월 25일

지은이 | 김낙현
발행인 | 홍영태
발행처 | 트래블라이크
등 록 | 제2020-000176호(2020년 6월 24일)
주 소 | 03991 서울시 마포구 월드컵북로6길 3 이노베이스빌딩 7층
전 화 | (02)338-9449
팩 스 | (02)338-6543
대표메일 | bb@businessbooks.co.kr
홈페이지 | http://www.businessbooks.co.kr
블로그 | http://blog.naver.com/travelike1
인스타그램 | travelike_book
ISBN 979-11-987272-9-9　14980
　　　979-11-982694-0-9　14980(세트)

* 잘못된 책은 구입하신 서점에서 바꾸어 드립니다.
* 책값은 뒤표지에 있습니다.
* 트래블라이크는 ㈜비즈니스북스의 임프린트입니다.
* 비즈니스북스에 대한 더 많은 정보가 필요하신 분은 홈페이지를 방문해 주시기 바랍니다.

> 비즈니스북스는 독자 여러분의 소중한 아이디어와 원고 투고를 기다리고 있습니다.
> 원고가 있으신 분은 ms3@businessbooks.co.kr로 간단한 개요와 취지, 연락처 등을 보내 주세요.

팔로우
싱가포르

김낙현 지음

Travelike

《팔로우 싱가포르》
지도 QR코드 활용법

QR코드를 스캔하세요.
구글맵 앱 '메뉴-저장됨-
지도'로 들어가면 언제든지
열어볼 수 있습니다.

스마트폰으로 오른쪽 상단의 QR코드를
스캔합니다. 연결된 페이지에서 원하는
지역을 선택합니다.

선택한 지역의 지도로 페이지가 이동됩
니다. 화면 우측 상단에 있는 아이콘
을 클릭합니다.

지도가 구글맵 앱으로 연동되고, 내 구
글 계정에 저장됩니다. 본문에 소개된
장소들의 위치를 확인할 수 있습니다.

《팔로우 싱가포르》 본문 보는 법
HOW TO FOLLOW SINGAPORE

싱가포르를 대표하는 도시 중심부의 6개 지역과 센토사섬의 최신 정보를 중심으로 구성했습니다.
이 책에 실린 정보는 2025년 4월 초까지 수집한 자료를 바탕으로 하며 이후 변동될 가능성이 있습니다.

- **관광 명소의 효율적인 동선**
  핵심 관광 명소와 연계한 주변 명소를 여행자의 동선에 가까운
  순서대로 안내했습니다. 핵심 볼거리는 매력적인 테마 여행법을
  제안하고 풍부한 읽을 거리, 사진, 지도 등과 함께 소개해 알찬
  여행에 도움이 되도록 했습니다.

- **일자별 · 테마별로 완벽한 추천 코스**
  추천 코스는 지역 특성에 맞게 일자별 · 테마별로 다양하게
  안내합니다. 평균 소요 시간은 물론, 아침부터 저녁까지의 동선과
  추천 식당 및 카페, 예상 경비, 꼭 기억해야 할 여행 팁을 꼼꼼하게
  기록했습니다. 어떻게 여행해야 할지 고민하는 초보 여행자를
  위한 맞춤 일정으로 참고하기 좋으며 효율적인 여행이 되도록
  도와줍니다.

- **실패 없는 현지 맛집 정보**
  현지인의 단골 맛집부터 한국인의 입맛에 맞는 인기 맛집과 카페
  이용법, 대표 메뉴, 장단점 등을 한눈에 알아보기 쉽게 정리했습니다.
  싱가포르의 식문화를 다채롭게 파악할 수 있는 특색 요리와
  미식 정보도 실어 보는 재미가 있습니다.
  위치 해당 장소와 가까운 명소 또는 랜드마크
  유형 인기 맛집, 로컬 맛집, 신규 맛집 등으로 분류
  주메뉴 대표 메뉴나 인기 메뉴
  😊😞 좋은 점과 아쉬운 점에 대한 작가의 견해

- **한눈에 파악하기 쉬운 상세 지도**
  관광 명소와 맛집, 상점, 쇼핑 정보의 위치를 한눈에 파악할 수 있는
  지역별 지도를 제공합니다. 효율적인 나만의 동선을 짤 수 있도록
  각 지역의 MRT 역과 주변 스폿 위치를 알기 쉽게 표기했습니다.

지도에 사용한 기호					
📍 관광 명소	✖ 맛집 · 카페	🛍 쇼핑	🍸 나이트라이프	🏨 호텔	ℹ 방문자 센터
✈ 공항	CC 3 MRT역	🚌 버스 정류장	🚡 케이블카	🚝 모노레일	⛴ 선착장

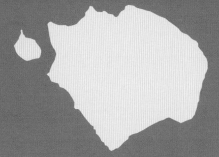

FOLLOW

싱가포르
SINGAPORE

싱가포르는 말레이시아반도 남쪽 끝에 자리한 섬나라다. 북쪽으로는 조호르 해협을 따라 말레이시아, 동쪽으로는 남중국해, 남쪽으로는 싱가포르 해협을 경계로 인도네시아와 접해 있다. 이러한 지리적 환경 때문에 오래전부터 다양한 민족과 문화가 공존해왔다. 마리나베이 샌즈와 가든스 바이 더 베이 등 싱가포르 대표 랜드마크들이 우뚝 솟아 있는 마리나베이와 역사적 건축물이 모여 있는 시티 홀, 싱가포르강을 따라 형성된 리버사이드, 세련된 쇼핑과 미식의 거리 오차드로드는 싱가포르의 과거와 현재가 만나는 지역으로 유명하다. 또한 차이나타운, 리틀인디아, 부기스 & 캄퐁글램은 중국·인도·말레이·이슬람 문화가 섞여 있는 개성 넘치는 지역이다. 여기에 푸른 바다와 열대 리조트, 각종 어트랙션이 즐비한 도심 속 오아시스, 센토사섬은 꼭 가봐야 할 명소다.

INFO

인구	563만 명(싱가포르 국적 347만 명)	시차	한국보다 1시간 빠름(한국 시간−1시간)
면적	719.9km²	홈페이지	www.visitsingapore.com/ko_kr(싱가포르 관광청)

싱가포르 입국하기

인천국제공항이나 김해국제공항에서 싱가포르 창이 국제공항까지는 직항 비행기로 6시간 10~50분 정도 걸린다. 창이 국제공항에는 총 4개의 터미널이 있으며 항공사에 따라 도착 터미널이 다르다. 온라인으로 미리 입국 신고서를 작성해두면 싱가포르 도착 후 자동 입국 심사대를 통해 편리하게 입국할 수 있다.

싱가포르 창이 국제공항
Singapore Changi Airport

항공사별로 이용하는 터미널이 다르니
탑승 전 홈페이지를 통해 자신이 이용하는
항공기의 도착 터미널 확인 필수!

싱가포르 창이 국제공항은 싱가포르 도심에서 동북쪽으로 약 20km 떨어진 창이 지역에 있다. 터미널이 총 4개로 제1~3터미널은 한 건물에 있고 제4터미널은 조금 떨어져 다른 건물에 있다. 터미널마다 입국 심사를 위한 자동 입국 심사대가 있다. 자신이 이용하는 항공사가 도착하는 터미널에서 입국 수속을 마치고 입국장 밖으로 나와 시내로 이동한다. 제2터미널과 제3터미널 사이에는 대형 복합 쇼핑몰인 주얼 창이가 있다. 이곳의 거대한 실내 정원이 유명한데 입국 또는 출국 시 시간 여유가 있을 때 들르기 좋다. ▶ 주얼 창이 정보 P.012
홈페이지 www.changiairport.com

CHECK

터미널별 주요 이용 항공사
- **제1터미널(T1)**
  KLM네덜란드항공, 젯스타, 에미레이트항공, 에어프랑스, 델타항공, 터키항공, 핀에어, 타이항공, 스쿠트항공 등
- **제2터미널(T2)**
  싱가포르항공, 유나이티드항공, 에어캐나다, 말레이시아항공, 에티오피아항공 등
- **제3터미널(T3)**
  아시아나항공, 가루다인도네시아항공, 에어뉴질랜드, 중화항공, 티웨이항공 등
- **제4터미널(T4)**
  대한항공, 제주항공, 베트남항공, 에어아시아, 캐세이퍼시픽, 세부퍼시픽에어 등

창이 국제공항 터미널 개념도

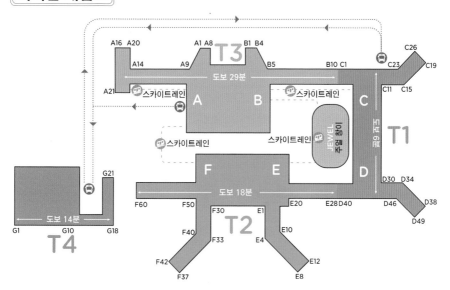

터미널 간 이동 교통수단

• 스카이트레인 Skytrain
제1터미널, 제2터미널, 제3터미널, 주얼 창이 사이를 연결하는 모노레일. 서로 촘촘하게 연결되어 있으며 편리하고 빠르게 이동한다.
운행 05:00~02:00 **요금** 무료

• 일반 셔틀버스 Public Shuttle Bus & 트랜싯 셔틀버스 Transit Shuttle Bus
제4터미널은 건물이 따로 떨어져 있어 일반 셔틀버스나 트랜싯 셔틀버스를 타고 이동해야 한다. 일반 셔틀버스 탑승 시 제1터미널에서 제4터미널까지는 26분, 제2터미널에서 제4터미널까지는 23분 정도 걸린다.
운행 24시간 **배차 간격** 일반 셔틀버스 6~31분(공항 혼잡도에 따라 다름), 트랜싯 셔틀버스 13분 **요금** 무료

주얼 창이 가는 방법
주얼 창이는 제2터미널과 제3터미널 사이에 있다. 각 터미널에서 주얼 창이로 가는 방법을 살펴보자.
- **제1터미널(T1)** 도착 홀 1층의 주얼 창이 북쪽 입구Jewel's North Entrance에서 바로 연결된다.
- **제2터미널(T2)** MRT 창이 국제공항역 인근 3층 링크 브리지link bridge를 통해 주얼 창이 3층과 연결된다.
- **제3터미널(T3)** 출국 홀 크라운 프라자 인근에 위치한 링크 브리지를 통해 주얼 창이 3층과 연결된다.
- **제4터미널(T4)** 일반 셔틀버스나 트랜싯 셔틀버스를 타고 제1터미널로 이동한 뒤 도착 홀 1층의 주얼 창이 북쪽 입구를 통해 간다.

간단히 살펴보는
창이 국제공항 입국 과정

싱가포르 여행의 시작은 창이 국제공항이다. 싱가포르 입국 시 온라인으로 싱가포르 입국 카드를 작성해야 한다. 미리 작성하지 않았다면 공항 도착 후 입국장의 QR코드 안내에 따라 작성하면 된다. 참고로 이제 종이 입국 카드는 사용하지 않는다.

STEP 1
싱가포르 입국 카드Singapore Arrival Card 제출

싱가포르 입국 3일 전부터 미리 온라인으로 싱가포르 입국 카드를 작성해 제출한다.

STEP 2
창이 국제공항 도착 후 입국장 이동

비행기에서 내리면 '도착Arrivals' 표시를 따라 입국장으로 이동한다. 싱가포르 입국 카드를 미리 제출하지 않았다면 입국장에서 QR코드 안내에 따라 작성해 제출한다.

STEP 3
자동 입국 심사대 통과

싱가포르 입국 카드 등록 후 여권을 스캔하고 카메라로 본인 인식, 지문 등록 후 자동 입국 심사대를 통과한다.

STEP 4
수하물 수취 및 세관 검사

'수하물 수취대Baggage Belt'에서 수하물을 찾고 세관 검사대를 통과한다. 직원이 무작위로 엑스선 검사를 요구하는 경우도 있다.

STEP 5
환전 및 심 카드 구입

'출구Exit'로 나와 환전하거나 ATM에서 현지 화폐를 인출한다. 또 데이터 용량, 사용 기간, 요금 등을 비교해보고 심 카드를 구입한다.

STEP 6
싱가포르 시내로 이동

MRT, 그랩, 택시, 버스 등을 타고 시내로 이동한다. 호텔 픽업 서비스를 요청했다면 자신의 이름이 적힌 피켓을 들고 있는 호텔 측 직원을 찾는다.

 **ACCESS ❷**

공항에서 시내로 가기

싱가포르 창이 국제공항에서 시내로 이동하는 데에는 다양한 교통수단이 있다. 요금, 소요 시간, 운영 시간 등이 각기 다르므로 각각의 방법을 비교해보고 자신에게 맞는 것을 선택한다.

MRT(지하철)

싱가포르에서 가장 대표적인 이동 수단으로, 빠르고 경제적이라 많은 여행객이 선호한다. MRT 창이 국제공항역은 제2터미널과 제3터미널 사이에 있다. 싱가포르 도심으로 가려면 MRT 타나메라역에서 한 번 갈아타야 하며, 시내 중심지까지는 약 45분~1시간 걸린다. 단, 비행기가 새벽에 도착하는 경우는 MRT 운행이 종료되어 이용할 수 없다.

운행 월~토요일 05:31~23:18, 일요일 · 공휴일 05:59~00:06 **요금** S$1.40~

일반 버스

터미널에 따라 이용 가능한 버스가 다르다. 여러 노선이 있는데 소요 시간은 교통 상황에 따라 다르지만 보통 1시간 이상 걸린다. 대중교통 카드인 이지링크 카드와 비접촉식 신용카드 등을 사용할 수 있다. 현금도 사용 가능하지만 거스름돈은 내주지 않는다. 가장 저렴하지만 그만큼 가장 오래 걸리는 단점도 있다.

운행 05:00~24:00(노선마다 조금씩 다름)
요금 S$1.19~

택시

택시를 이용하면 시내 중심지까지 약 30~40분 걸린다. 공항 이용료, 야간 할증, 피크 타임 이용료 등 각종 할증료가 추가되면서 요금이 올라가 이용률은 낮은 편이다. 택시를 이용할 때는 공항 터미널별로 정해진 택시 승차장에서만 탑승이 가능하다.

운행 24시간
요금 S$30~45(시내 중심지 기준)

그랩

차량 호출 서비스인 그랩은 창이 국제공항 터미널 내 정해진 픽업 포인트pick up point에서 탑승한다. 그랩 앱을 통해 호출하면 차량 도착 예정 시간과 정찰제 요금을 미리 확인할 수 있어 편리하다. 택시보다는 저렴한 편이라 여행자들이 많이 이용한다.

운행 24시간
요금 S$25~40(시내 중심지 기준)

공항 차량 서비스

창이 국제공항에서 운영하는 프라이빗 차량 서비스를 통해 시내 호텔까지 이동할 수 있다. 차량은 이용 인원에 따라 리무진과 프리미엄 MPV/MAXI로 구분된다. 요금은 정찰제로 이용할 수 있으며, 홈페이지를 통한 사전 예약은 필수다.

운행 07:00~23:00
요금 리무진 S$55, 프리미엄 S$60

창이 국제공항의 매력적인 볼거리
주얼 창이 알차게 즐기기

주얼 창이는 2019년에 오픈한 10층 규모의 복합 단지로, 싱가포르 창이 국제공항 내 제1·2·3터미널과 연결되어 있다. 40m 높이의 세계 최대 실내 폭포와 열대 정원, 캐노피 파크, 100개 이상의 레스토랑과 카페, 다양한 세계적인 브랜드 매장이 있다. 실내 폭포는 오전 11시~오후 10시(주말은 오전 10시부터)에 운영한다.

➡ 각 터미널에서 주얼 창이 가는 방법 P.009   홈페이지 www.jewelchangiairport.com

주얼 레인 보텍스

1 주얼 레인 보텍스 *Jewel Rain Vortex*

실내 정원으로 울창하게 조성한 시세이도 포레스트 밸리Shiseido Forest Valley 안에 위치한 세계에서 가장 큰 실내 폭포. 40m 높이에서 폭포가 쏟아져 내리며, 낮에는 자연광이 투과하고 매일 저녁 8시와 9시에 화려한 조명과 음악이 어우러진 라이트 & 뮤직 쇼케이스Light & Music Showcase가 열린다. 금~일요일과 공휴일에는 저녁 10시에 한 번 더 진행한다.
위치 L1~L4 시세이도 포레스트 밸리 중심부
운영 11:00~22:00(금~일요일 · 공휴일은 10:00부터)
요금 무료

2 캐노피 파크 *Canopy Park*

주얼 창이 최상층에 위치하며 다양한 놀이 시설을 갖추었다. 입장권을 구입하면 디스커버리 슬라이드Discovery Slides(대형 미끄럼틀), 포기 보울Foggy Bowls(안개가 피어오르는 구역), 페탈 가든Petal Garden(꽃잎 정원), 토피어리 워크Topiary Walk(산책길) 등 다양한 시설을 이용할 수 있다.
위치 L5 캐노피 파크
운영 10:00~21:00(금~일요일 · 공휴일은 22:00까지)
요금 S$8

③ 주얼 라식 퀘스트 Jewel-Rassic Quest

8900만 년 전 백악기로 이동하는 증강 현실 체험의 일종이다. 타임렌즈TimeLens를 끼고 실물보다 큰 공룡을 만나보는 스릴 넘치는 체험을 즐길 수 있다.
위치 L1 컨시어지 카운터
운영 10:30~17:30 **요금** S$20

④ 워킹 네트 Walking Net

25m 높이에 매달린 거대한 네트 위를 걷는 특별한 체험으로 남녀노소 누구나 참여 가능하다.
위치 L5 캐노피 파크
운영 10:00~21:00
요금 S$18.90

⑤ 마스터카드 캐노피 브리지
Mastercard® Canopy Bridge

23m 높이에 매달려 있는 캐노피 브리지. 중앙 부분에 유리 바닥이 있고 양쪽 끝에서 안개가 방출되어 마치 구름 위를 걷는 듯한 기분이 든다.
위치 L5 캐노피 파크 **운영** 10:00~21:00 **요금** S$13.90

⑥ 인기 로컬 푸드 식당 베스트 5

주얼 창이에는 100개가 넘는 레스토랑과 카페가 있다. 혹시라도 싱가포르에서 맛보지 못한 로컬 음식이 있다면 주얼 창이 내 매장에서 즐길 수 있다.

송파 바쿠테 Song Fa Bak Kut Teh B2 / 10:00~22:00
푸드 리퍼블릭 Food Republic B2 / 07:00~22:00
 (주말은 23:00까지)
점보 시푸드 Jumbo Seafood L3 / 10:00~22:00
올드 창 키 Old Chang Kee B2 / 08:00~22:00
바이올렛 운 Violet Oon L1 / 10:00~22:00

⑦ 여행자를 위한 편의 시설

• **창이 라운지 Changi Lounge**
출국 전 여유롭게 휴식을 취하도록 고급스럽고 편안한 환경을 마련했다. 가벼운 간식, 무료 고속 인터넷, 샤워 시설, 비즈니스 시설까지 갖췄다. 스낵바, 식사, 주류, 샤워 시설 등 이용 범위에 따라 요금이 달라진다.
위치 L1 **운영** 06:00~22:00 **요금** 일반 S$28~50, 어린이 S$20~39

• **수하물 보관소 Baggage Storage**
창이 국제공항 내 수하물 보관소에 짐을 맡기고 주얼 창이를 편하게 둘러볼 수 있다. 수하물 보관소는 터미널마다 있으며 짐 크기에 따라 요금이 달라진다. 최대 보관 시간은 24시간이다.
위치 L1, L2 **운영** 24시간 **요금** 소형(10kg 미만) S$11, 대형(10kg 이상) S$16

ACCESS ❸

싱가포르 도심 교통

싱가포르는 대중교통이 잘 발달 되어 있어 처음 방문하는 초보 여행자라도 어려움 없이 여행하기 좋은 도시다.
단, 탑승 시 싱가포르 역사와 차내에서 음식물 섭취와 냄새 나는 음식 반입을 엄격히 금지하고 있고,
적발 시 벌금을 부과하므로 주의한다.

빠르고 유용한 지하철
🚃 MRT

싱가포르 지하철인 MRTMass Rapid Transit는 도시 전역을 빠르고 촘촘하게 연결한다. 또 주요 관광 명소가 대부분 MRT역과 가까워 관광객에게 매우 유용한 교통수단이다. 총 6개 노선을 운행하며 이지링크 카드나 해외여행용 체크카드(트래블월렛, 트래블로그 등), 콘택트리스(비접촉식) 신용카드(마스터카드, 비자), 모바일 지갑(애플페이, 구글페이, 삼성페이 등) 또는 NETS 비접촉식 은행 카드로 결제한다.

운행 05:30~24:00(축제 기간에는 연장 운행)
요금 일반 S$1.19~, 학생 S$0.52~, 만 6세 미만 무료 ※0.9km당 이동 거리에 따라 추가
홈페이지 mrtmapsingapore.com

MRT 이용 방법
- **티켓 구매** 해외여행자용 체크카드를 준비하지 않았다면 MRT 역내 자동판매기 또는 티켓 카운터에서 이지링크 카드나 싱가포르 투어리스트 패스를 구매한다. 구입 시 여권을 제시해야 한다.
- **승차 태그** 개찰구 단말기에 카드를 태그하고 출입구를 통과한다.
- **열차 탑승** 열차가 도착할 때까지 스크린 도어 앞 안전선 밖에서 기다린다. 열차가 도착하면 승객이 다 내린 후 승차한다.
- **하차 태그** 하차 후 개찰구 단말기에 카드를 태그하면 요금이 차감된다. 목적지와 가까운 출구 번호를 확인하고 이동한다.

TIP
- ☑ 대중교통 이용 피크 타임(평일 오전 7시 30분~9시 30분, 오후 5시 30분~7시 30분)에는 혼잡하다.
- ☑ 노약자·장애인·임산부석에는 착석하지 않는다.
- ☑ 에스컬레이터는 한국과 반대로 좌측통행이다. 오른쪽에 서고 왼쪽은 걸어서 통행하는 사람들을 위해 비워둬야 한다.

 주요 MRT역과 연결되는 관광 명소

시티 홀 City Hall역 차임스, 래플스 호텔, 푸난 몰, 내셔널 갤러리 싱가포르, 래플스 상륙지, 아시아문명박물관

부기스 Bugis역 하지 레인, 캄풍글램, 아랍 스트리트, 부기스, 술탄 모스크, 부소라 스트리트

오차드 Orchard역 & 서머셋 Somerset역 아이온 오차드, 파라곤, 위스마 아트리아, 디자인 오차드, 오차드 센트럴

리틀인디아 Little India역 무스타파 센터, 세랑군 로드, 스리 비라마칼리암만 사원, 리틀인디아 아케이드

차이나타운 Chinatown역 불아사, 맥스웰 푸드 센터, 싱가포르 시티 갤러리, 스리 마리암만 사원

클라크 키 Clarke Quay역 클라크 키, 보트 키, 리버 크루즈

베이프런트 Bayfront역 마리나베이 샌즈 호텔, 가든스 바이 더 베이, 아트사이언스 뮤지엄, 숍스 앳 마리나베이 샌즈

하버프런트 HarbourFront역 센토사섬, 유니버설 스튜디오 싱가포르, 비보시티

싱가포르 MRT 노선도

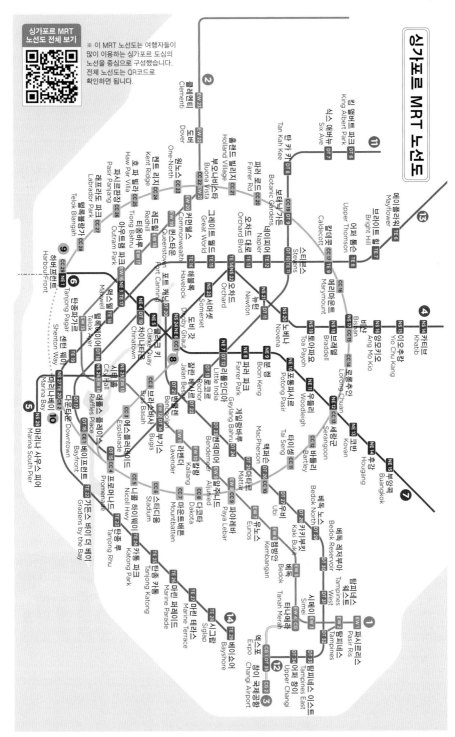

싱가포르 여행에서 꼭 필요한
교통카드 종류와 사용법

싱가포르의 대중교통 시스템은 우리나라만큼 잘 갖춰져 있어 교통카드 한 장이면 여행하는 데 큰 불편함이 없다. 대표적인 교통카드로는 현지에서 구입하는 이지링크 카드와 싱가포르 투어리스트 패스가 있다. 교통카드 종류를 살펴 보고, 자신의 상황에 맞게 준비하자.

Follow Me ❶ 이지링크 EZ-Link 카드

충전식 교통카드로 MRT, LRT, 버스 등 싱가포르의 모든 대중교통 이용이 가능하다. 또 편의점, 패스트푸드점, 야시장, 호커 센터, 도서관 등 4000여 곳에서 결제 수단으로 활용할 수 있다. 최초 카드 구입 시 카드 보증금 S\$5가 필요하며, 대중교통 이용 시 잔액이 S\$3 이상 남아 있어야 한다. 카드는 사용 요금에 따라 금액이 차감된다.

요금 S\$10(카드 발급비 S\$5 + 선불 금액 S\$5)
충전 싱가포르 MRT역 자동판매기, 일부 편의점, 이지링크 앱
구입처 싱가포르 MRT역 트랜싯링크 티켓 오피스 또는 편의점
홈페이지 ezlink.simplygo.com.sg

<u>환불 제도</u> 여행이 끝난 후 카드 발급비 S\$5를 제외한 카드 잔액을 현금으로 돌려받을 수 있다. 카드를 구매한 장소나 MRT 매표소에서 환불 가능하다. 카드 발급비는 환불되지 않는다.

Follow Me ❷ 해외여행용 체크카드

MRT와 버스에서 해외여행용 체크카드 중 트래블로그와 트래블월렛을 이지링크 카드처럼 사용할 수 있다. 다만 트래블로그는 일부 MRT역에서 사용 불가능한 경우도 있다. 종종 오류가 생겨 갑작스레 이용이 어려워지기도 하는데, 이런 상황이 발생하면 현지에서 이지링크 카드를 구입해 사용한다.

Follow Me ❸ 콘택트리스(비접촉식) 신용카드

마스터카드 Mastercard나 비자 Visa 회사의 비접촉식 신용카드와 체크카드, 모바일 지갑(애플페이, 구글페이, 삼성페이 등) 또는 NETS 비접촉식 은행 카드로 MRT나 버스 요금을 지불한다.

Follow Me ❹ 싱가포르 투어리스트 패스 Singapore Tourist Pass(STP)

1일(S\$10), 2일(S\$16), 3일(S\$20) 등 정해진 기간에 무제한으로 대중교통을 이용할 수 있는 여행자용 선불카드. MRT, 버스 등 대중교통을 많이 이용하는 경우 구입을 고려한다. 패스 유효기간은 개시한 시점으로부터 24시간이 아니라 사용한 날짜를 기준으로 한다. 2일권과 3일권은 연속되는 날에만 사용 가능하다.
구입처 일부 MRT역의 트랜싯링크 티켓 오피스 또는 자동 STP 키오스크
홈페이지 www.simplygo.com.sg/travel-guide

사용 기간 예시
5월 1일 오후 6시에 구입해 처음 사용하면 1일 차가 시작된 것이고, 5월 2일 0시부터 2일 차, 5월 3일 0시부터 3일 차가 된다. 패스의 1일 만료 시점은 대중교통 서비스가 종료되는 시간(보통 밤 12시 이전)이다.

자동 STP 키오스크 설치 MRT역
- 부기스역
- 하버프런트역
- 오차드역
- 창이 국제공항역(제2터미널, 제3터미널)

가장 저렴하고 노선이 다양한

시내버스

MRT와 더불어 도심 전역을 아우르는 중요한 대중교통으로 MRT로 접근하기 어려운 지역까지 연결한다. 구글맵에 목적지까지 연결하는 버스 노선과 정류장 위치가 잘 안내되어 있어 이용이 편리하다. 싱가포르 버스 정류장에는 지붕이 설치되어 비가 오거나 무더운 날씨에도 불편함 없이 이용할 수 있다.

운행 05:30~24:00(축제 기간에는 연장 운영) **요금** S\$0.75~1.75 ※이동 거리에 따라 다름

주요 버스 노선과 연결되는 관광 명소

머라이언 파크 10, 100, 107, 167, 131, 652번
센토사섬 10, 100, 143, 145, 855, 131번
리틀인디아 21, 23, 65, 131, 139, 147, 857번

가든스 바이 더 베이 400번
차이나타운 2, 12, 33, 63, 80, 961번
싱가포르 보태닉 가든 48, 67, 151, 153, 154, 170, 186번

버스 이용 방법

정해진 버스 정류장에서 승차하며 이용 방법은 우리나라와 비슷하다. 앞문으로 탑승하면서 버스 내 카드 단말기에 교통카드를 태그한다. 하차 시에는 벨을 누르고 뒷문 쪽 단말기에 카드를 태그하고 내린다. 단, 버스 내 안내 방송은 하지 않기 때문에 구글맵에서 하차할 정류장과 노선을 확인해야 한다. 요금은 현금으로 내도 되지만 거스름돈을 주지 않는다.

비싸지만 쾌적한

택시

싱가포르 택시는 우리나라와 같이 미터기를 사용해 거리와 시간에 따라 요금이 부과된다. 여기에 대중교통량이 증가하는 피크 시간대, 특정 장소, 심야 할증 등에 따라 추가 요금이 붙는다. 현지 택시업체로는 CDGComfortDelGro, 시티캡CityCab, SMRT, 트랜스캡Trans-Cab, 실버캡Silvercab 등이 있다. 업체마다 고유 컬러로 차체를 구분한다. 최근에는 택시보다 요금이 저렴하고 호출이 편리한 그랩 이용이 늘면서 택시 이용률이 낮아졌다.

요금 S\$3.40~

택시 이용 팁

✅ 차체 컬러(노란색 · 빨간색 · 파란색 < 흰색 · 은색 < 검은색 순으로 높음)에 따라 기본요금이 달라진다.
✅ 승하차 지역과 시간대에 따라 추가 요금이 발생한다.
✅ 콜택시를 호출할 경우 예약비(S\$2~4)가 발생한다.
✅ 하차 시 영수증을 발급받을 수 있다.
✅ 버스 정류장 근처와 도로 바닥에 이중 지그재그 라인이 그려진 구역은 하차 금지다.
✅ 정해진 구역에서만 승하차할 수 있다.

● **택시 업체별 대표 번호**
CDG(파란색) 6552-1111
시티캡(노란색) 6555-1188
트랜스캡(빨간색) 6555-3333
실버캡(은색) 6363 6888

택시보다 저렴하고 간편한

그랩

싱가포르에서 널리 이용하는 차량 호출 서비스로 모바일 앱을 이용해 호출한다. 택시와 마찬가지로 기본요금을 기준으로 거리와 시간에 따라 요금이 가산된다. 요금은 앱에 미리 등록해둔 신용카드로, 또는 현장에서 현금으로 결제한다. 택시보다 저렴하고 간편하게 부를 수 있어 유용하다.

MARINA BAY

마리나베이

마리나베이는 마리나만Marina Bay을 끼고 형성되어 있다. 세계적 건축물로 유명한
마리나베이 샌즈는 그 자체로 하나의 예술 작품으로 통한다. 3개의 타워를 연결하는 하늘 위의 배,
스카이파크에서는 싱가포르의 숨 막히는 스카이라인을 360도로 감상할 수 있다. 101헥타르에 달하는
가든스 바이 더 베이에는 50m 높이의 슈퍼트리 그로브들이 영화 속 장면 같은 환상적인 분위기를
연출한다. 이 밖에도 100년 넘은 문화유산 플러턴 호텔을 비롯해 머라이언 동상,
싱가포르 플라이어 등 싱가포르를 대표하는 랜드마크가 속속 자리하고 있어 싱가포르 여행에서
가장 중요한 지역으로 손꼽힌다. 싱가포르의 심장으로 통하는 마리나베이를 만나보자.

야경

머라이언 동상

마리나베이 샌즈

가든스 바이 더 베이

리버 크루즈

스펙트라

에스플러네이드

칠리 크랩

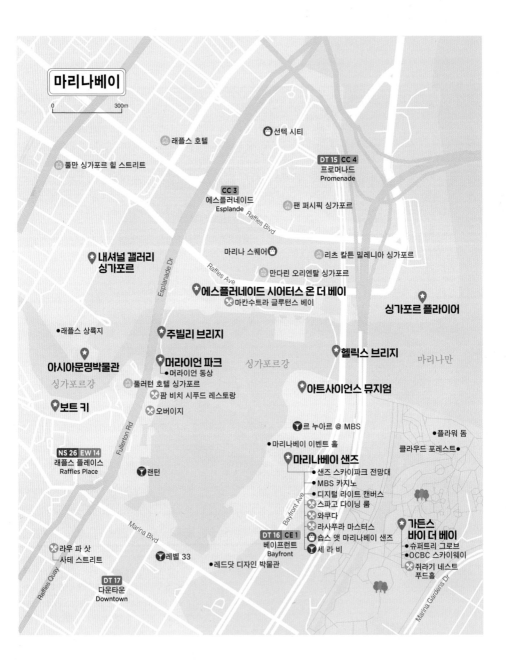

마리나베이

0 ─────── 300m

🏨 래플스 호텔

🏢 선텍 시티

🏨 풀만 싱가포르 힐 스트리트

DT 15 **CC 4**
프로머나드
Promenade

CC 3
에스플러네이드
Esplande

🏢 팬 퍼시픽 싱가포르

📍 내셔널 갤러리
싱가포르

마리나 스퀘어🏢

🏨 리츠 칼튼 밀레니아 싱가포르

Raffles Blvd

Esplanade Dr

Raffles Ave

🏨 만다린 오리엔탈 싱가포르

📍 에스플러네이드 시어터스 온 더 베이
❌ 마칸수트라 글루턴스 베이

📍 싱가포르 플라이어

•래플스 상륙지

📍 주빌리 브리지

📍 아시아문명박물관

싱가포르강

📍 머라이언 파크
•머라이언 동상

싱가포르강

📍 헬릭스 브리지

마리나만

📍 보트 키

🏨 풀러턴 호텔 싱가포르
❌ 팜 비치 시푸드 레스토랑
❌ 오버이지

📍 아트사이언스 뮤지엄

🍷 르 누아르 @ MBS

•플라워 돔

클라우드 포레스트

Fullerton Rd

•마리나베이 이벤트 홀

📍 마리나베이 샌즈
　•샌즈 스카이파크 전망대
　•MBS 카지노
　•디지털 라이트 캔버스
　❌스파고 다이닝 룸
　❌와쿠다
　•라사푸라 마스터스
　•숍스 앳 마리나베이 샌즈
　🍷세 라 비

📍 가든스
바이 더 베이
　•슈퍼트리 그로브
　•OCBC 스카이웨이
　❌쥬라기 네스트
　푸지엄

NS 26 **EW 14**
래플스 플레이스
Raffles Place

🍷 랜턴

Bayfront Ave

Marina Blvd

❌ 라우 파 삿
－사테 스트리트

🍷 레벨 33

DT 16 **CE 1**
베이프런트
Bayfront

•레드닷 디자인 박물관

Raffles Quay

DT 17
다운타운
Downtown

Marina Gardens Dr

도심 속 오아시스
마리나베이 샌즈 주변 탐험

마리나베이 샌즈와 머라이언 파크,
가든스 바이 더 베이, 싱가포르
플라이어, 아트사이언스 뮤지엄 등
싱가포르의 랜드마크를 중심으로
산책을 즐겨보자. 맛있는 칠리 크랩과
야경도 놓치지 말 것.

FOLLOW
이런 사람 팔로우!
→ 싱가포르를 처음 여행한다면
→ 관광 명소 방문을 좋아한다면
→ 오래 걷기에 자신 있다면

🚇 **주요 이용 역**
- MRT 래플스 플레이스역
- MRT 프로머나드역
- MRT 클라크 키역
- MRT 베이프런트역

🚶 **소요 시간** 10시간~

➡ **예상 경비** 입장료 S$80 + 교통비 S$10 +
식비 S$30 = Total S$120 ※칠리 크랩 별도

➡ **기억할 것** 마리나베이 주변에 칠리 크랩
맛집이 많다. 매일 밤(8시, 9시) 펼쳐지는
스펙트라를 감상하거나 리버 크루즈를 타고
싱가포르의 밤을 만끽하자.

Let's Go!

아침 식사
추천 라사푸라 마스터스

도보 1분

아트사이언스 뮤지엄

도보 20분 또는 자동차로 5분

머라이언 파크

도보 1분

두리안 빌딩으로 불리는 에스플러네이드

점심 식사
추천 팜 비치 시푸드 레스토랑 또는 오버이지

도보 10분

도보 24분

도보 10분

가든스 바이 더 베이 & 가든 랩소디
(1일 2회 19:45, 20:45)

마리나베이 샌즈 & 스카이파크 전망대

마리나베이 샌즈 이벤트 플라자에서 스펙트라 감상

저녁 식사
추천 라우 파 삿 또는 사테 스트리트

도보 20분

가든스 바이 더 베이

(01)

머라이언 파크
Merlion Park

싱가포르의 상징, 머라이언과 인증샷

싱가포르의 대표 아이콘인 머라이언은 머리는 사자, 몸은 물고기 형상을 하고 있다. 싱가포르어로 '사자 도시'라는 의미가 있으며 입으로 힘차게 물을 뿜어낸다. 머라이언 파크는 1964년에 조성했고 1972년에 머라이언 동상을 세웠다. 동상 높이 8.6m, 무게는 70톤에 달한다. 주변은 머라이언 동상을 보러 온 많은 사람들로 하루 종일 붐비며 건너편에는 마리나베이 샌즈와 에스플러네이드, 싱가포르 플라이어 등 랜드마크가 펼쳐져 있다. 머라이언 파크 주변으로 인기 칠리 크랩 레스토랑과 카페 등이 있으니 식사를 즐겨도 좋고, 머라이언 파크와 마리나베이가 한눈에 들어오는 주빌리 브리지Jubilee Bridge를 따라 산책도 한다. 낮에 가도 좋지만 조명이 들어오는 저녁에 가면 아름다운 야경을 감상할 수 있다. 머라이언 동상 뒤쪽의 작은 분수대에는 미니 머라이언 동상이 있다.

미니 머라이언 동상

TRAVEL TALK

머라이언 파크의 아이콘, 머라이언 동상

처음 머라이언 파크를 조성했을 때 머라이언 동상은 지금의 자리가 아닌 싱가포르강 주변에 있었어요. 에스플러네이드 브리지가 완공된 2002년에 지금의 자리로 옮겨졌답니다. 여행자들에게는 머라이언 동상을 이용해 재미난 포즈를 취하고 사진 찍는 것이 인기예요. 물살이 입으로 들어가는 포즈를 하거나 물살을 잡는 포즈 등 다양한 모습으로 소중한 인증샷을 남겨보세요.

가는 방법 MRT 래플스 플레이스Raffles Place역에서 도보 5분
주소 1 Fullerton Rd **문의** 65 6736 6622 **운영** 24시간

② 에스플러네이드 시어터스 온 더 베이
Esplanade-Theatres on the Bay

두리안을 닮은 화려한 지붕

약 7000개의 삼각형 알루미늄 패널로 이루어진 지붕이 두리안을 닮아 '두리안 건물'로도 유명한 에스플러네이드 시어터스 온 더 베이. 이곳은 종합 문화예술 공간으로, 예술 공연장은 1600석, 콘서트홀은 2000석 규모를 자랑한다. 1층은 쇼핑몰이고 4층에는 야외 루프톱 테라스와 레스토랑 바가 있어 마리나베이 풍경을 감상하며 식사하거나 칵테일을 즐기기 좋다. 1년 내내 무료 또는 유료 공연이 열리며 홈페이지에서 스케줄을 확인할 수 있다.

가는 방법 MRT 에스플러네이드Esplanade역
A번 출구에서 도보 8분
주소 1 Esplanade Dr
문의 65 6828 8377
운영 08:00~23:30
홈페이지 esplanade.com

③ 아트사이언스 뮤지엄
ArtScience Museum

만개한 연꽃을 연상시키는 독특한 외관

아트사이언스 뮤지엄은 약 6000m² 규모를 자랑한다. 이름에서도 알 수 있듯 예술과 과학을 아우르는 신개념의 아트 뮤지엄으로 상설 전시와 다양한 국제 전시가 열린다. 마리나베이 샌즈에서 운영하는 이곳은 2011년에 개장했으며 총 12개의 갤러리가 있다. 개장 이래 레오나르도 다빈치, 살바도르 달리, 앤디 워홀, 빈센트 반 고흐 등 세계적인 예술가들의 전시를 개최했다. 천장은 빗물을 저장했다가 중앙 홀을 따라 35m 높이에서 폭포처럼 흘러내리는 구조로 설계했으며, 이 빗물은 건물 내에서 재활용된다. 전시 외에 다양한 체험 프로그램도 운영하니 사전에 홈페이지에서 프로그램 일정을 확인하고 방문할 것. 건물 내에 카페도 운영한다.

가는 방법 MRT 베이프런트Bayfront역에서 도보 11분
주소 6 Bayfront Ave **문의** 65 6688 8888
운영 10:00~19:00(금 · 토요일은 21:00까지)
요금 프로그램에 따라 다름 **홈페이지** marinabaysands.com

(04)

싱가포르 플라이어
Singapore Flyer

TIP

1일 3회 싱가포르 슬링 체험 프로그램
을 진행한다. 싱가포르 플라이어 티켓
을 구입하면 줄 서지 않고 우선 탑승할
수 있고 싱가포르 대표 칵테일, 싱가포
르 슬링도 맛볼 수 있다. 단, 18세 이하
는 알코올이 없는 목테일로 제공한다.
운영 16:30, 18:30, 19:30

새로운 다이닝 스폿으로 변신한 대관람차

세계 최대 규모를 자랑하는 대관람차로 2008년에 운행을 시작했다.
하늘에 떠 있는 것으로 착각이 들 정도로 스릴 만점이다. 최고 높이는
165m이며 30분 정도 운행하는데, 쾌청한 날에는 마리나베이 샌즈는
물론 센토사섬과 이스트코스트 파크까지 바라다보인다. 해 질 무렵이나
저녁 시간에 탑승객이 몰리니 한가하게 전망을 즐기고 싶다면 낮 시간
대에 이용하는 것도 좋다. 대관람차를 타고 싱가포르 슬링을 마시거나
식사를 즐기는 프로그램도 운영한다.

가는 방법 MRT 프로머나드Promenade역에서 도보 10분
주소 30 Raffles Ave **문의** 65 6333 3311
운영 10:00~22:00(토요일은 12:00부터) **요금** 싱가포르 플라이어 티켓
(타임캡슐 포함) 일반 S$40, 어린이 S$25, 싱가포르 슬링 체험 일반 S$79,
어린이 S$31 **홈페이지** singaporeflyer.com

⑤ 마리나베이 샌즈
Marina Bay Sands

마리나베이 샌즈는
독특한 외관으로도
유명한 건축물이에요.
건축가 모셰 사프디의
걸작으로 카지노
카드에서 영감을 얻어
디자인했다고 합니다.

싱가포르의 No.1 랜드마크

싱가포르는 물론 아시아를 대표하는 메가 건축물이라 할 수 있다. 싱가포르 관광 산업이 마리나베이 샌즈 완공 전과 후로 나뉠 정도로 큰 영향을 미쳤다. 마리나베이 샌즈는 3개의 타워가 거대한 배 모양의 스카이파크를 받치고 있는 모습을 하고 있다. 3개의 타워에는 2300개 이상의 객실을 갖춘 마리나베이 샌즈 호텔을 비롯해 세계적인 스타 셰프들이 운영하는 고급 레스토랑, 고급 쇼핑몰, 카지노, 극장 등 다양한 시설이 들어서 있다.

가는 방법 MRT 베이프런트Bayfront역에서 도보 5분 **주소** 10 Bayfront Ave **문의** 65 6688 8868 **홈페이지** marinabaysands.com

마리나베이 샌즈에서 놓치면 안 되는
즐길 거리 베스트 6

거대한 복합 건물인 마리나베이 샌즈에는 다양한 시설이 들어서 있다. 규모가 크고 방문객 수도 많으며 투숙객과 비투숙객에 따라 무료 혹은 유료로 입장할 수 있는 곳이 다르니 대략적인 정보를 알아두자.

① 마리나베이 샌즈 호텔
Marina Bay Sands Hotel

마리나베이 샌즈 타워 1 · 2 · 3에 걸쳐 있는 호텔로, 최근 리뉴얼해 보다 고급스럽게 변모했다. 객실은 마리나베이 뷰와 가든스 바이 더 베이 뷰 타입으로 나뉘며, TWG와 협업해 마리나베이 샌즈 호텔만의 티 컬렉션을 객실에 제공한다. 호텔 투숙객은 마리나베이 샌즈 57층에 위치한 인피니티 풀을 비롯해 스카이파크 전망대 등을 무료로 이용할 수 있다. 싱가포르에 가면 이곳에서 최소 1박이라도 해보는 것이 여행자들의 버킷 리스트에 오를 정도로 인기 있는 호텔이다.

위치 마리나베이 샌즈 타워 1 · 2 · 3 로비를 통해 이동

② 인피니티 풀 Infinity Pool

마리나베이 샌즈 가장 꼭대기인 57층에 자리한 수영장으로 마리나베이 샌즈 호텔 투숙객만 이용 가능하다. 메인 풀은 성인용과 어린이용으로 구분되어 있으며 선베드와 바, 자쿠지를 갖추고 있다. 인피니티 풀 안에서 싱가포르의 스카이라인을 볼 수 있고, 뒤편에 자리한 온수 자쿠지에서는 가든스 바이 더 베이가 바라다보인다.

위치 마리나베이 샌즈 57층 **운영** 11:00~16:00

---

③ 샌즈 스카이파크 전망대 Sands SkyPark Observation Deck

마리나베이 샌즈의 하이라이트라고 할 수 있는 샌즈 스카이파크 전망대는 200m 높이인 56층에 위치해 있다. 3개 타워를 연결하는 거대한 배 모양 구조물의 앞부분에 해당하며 이곳에서 싱가포르의 스카이라인을 360도로 감상할 수 있다. 누구나 이용 가능하며 입장료는 피크 시간과 그 외 시간에 따라 달라진다. 해 질 무렵이나 야경을 보기 위해 밤에 찾아오는 방문객도 많다.

위치 마리나베이 샌즈 56층 **운영** 오프피크 타임 10:00~16:00, 피크 타임 17:00~22:00
요금 오프피크 타임 S$28, 피크 타임 S$32

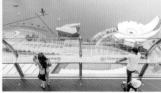

> **TIP**
> 샌즈 스카이파크 전망대는 야외 공간으로 폭우나 낙뢰 등 악천후 시 안전상 이유로 입장이 제한될 수 있다. 이런 경우 입장권은 환불해준다.

④ MBS 카지노 MBS Casino

마리나베이 샌즈에 있는 카지노. 4개 층으로 이루어져 있으며 20여 가지의 테이블 게임, 2300여 대의 슬롯머신, 250여 종의 최신식 게임기를 갖추고 있다. 비디오, 릴, 멀티 스테이션 방식의 각종 룰렛과 식보, 바카라 게임도 있으며 다양한 수준으로 베팅이 가능하다. 모든 테이블 게임에는 카지노 전용 게임 칩을 사용해야 하며 게임 칩은 테이블이나 카지노 창구에서 구입한다. 외국인 여행자에게는 입장료를 받지 않지만 본인 얼굴 사진이 포함된 신원 확인 서류 또는 여권을 제시해야 한다. 21세 이상만 입장 가능하다.

위치 마리나베이 샌즈 지하 2층~2층
운영 24시간 **요금** 무료

⑤ 디지털 라이트 캔버스 Digital Light Canvas

마리나베이 샌즈 지하 2층에 있던 아이스링크를 새롭게 조성한 곳이다. 천장에는 대형 크리스털 조형물이, 바닥에는 거대한 스크린이 설치되어 있다. 국제적인 아트 컬렉티브 팀랩TeamLab과 협업해 제작한 스크린에서는 시시각각 다채로운 요소를 보여준다. 예를 들면 관람객의 발걸음에 따라 물고기, 꽃이 피어나는 모습 등이 펼쳐진다. 디지털화된 빛과 색 그리고 회화적 요소가 특별한 분위기를 연출한다. 특히 직접 그린 그림을 바닥 스크린에 띄워주는 프로그램이 있어 어린이들이 좋아한다. 6세 이하는 보호자 동행 시 입장 가능하다.

위치 마리나베이 샌즈 지하 2층
운영 11:00~21:00 **요금** S$12

⑥ 숍스 앳 마리나베이 샌즈 The Shoppes at Marina Bay Sands

마리나베이 샌즈 내 고급 쇼핑몰로 3층으로 이루어졌으며 레스토랑과 엔터테인먼트 시설도 갖추고 있다. 구찌, 루이 비통, 프라다 등 명품 브랜드는 물론 다양한 패션, 스포츠 브랜드 매장이 즐비하다. 미슐랭 스

타를 받은 유명 셰프들의 레스토랑과 다양한 나라의 요리를 저렴하게 맛볼 수 있는 푸드 코트도 있어 쇼핑과 미식, 문화 체험이 모두 가능하다.

위치 마리나베이 샌즈 L층, 지하 1·2층 **운영** 10:00~22:00

06

가든스 바이 더 베이
Gardens by the Bay

가는 방법 MRT 베이프런트Bayfront역에서
도보 10분 **주소** 18 Marina Gardens Dr
문의 65 6420 6848
운영 야외 공원 05:00~02:00,
기타 시설 09:00~21:00 **휴무** 월요일
※플라워 돔과 클라우드 포레스트는 매달 1회
비정기 점검일 휴무(홈페이지 확인)
요금 가든스 바이 더 베이 무료,
그 외 시설별로 다름
홈페이지 www.gardensbythebay.com.sg

거대한 슈퍼트리가 있는 인공 정원

마리나만 일부를 매립한 땅에 건설한 인공 공원으로 최첨단 기술력
과 자연의 아름다움이 만나 새로운 관광 명소가 되었다. 101헥타
르에 달하는 엄청난 규모는 여의도 면적의 3분의 1에 가까우며 3만
2000종이 넘는 식물이 살아 숨 쉬는 특별한 곳이다. 정원 도시를 꿈
꾸는 싱가포르의 염원이 담긴 공원에는 플라워 돔, 클라우드 포레스
트, 슈퍼트리 그로브, OCBC 스카이웨이 등 독특한 시설이 자리하
고 있다. 저녁마다 펼쳐지는 쇼, 가든 랩소디는 가든스 바이 더 베이
만의 또 다른 재미다. 어트랙션에 따라 유료와 무료로 나뉘니 홈페
이지를 통해 확인한다. 무더운 낮 시간에는 셔틀버스(왕복 S$3)를
이용해 돌아보는 것도 방법이다.

---TIP---

무더운 낮에는 시원한 플라워 돔과 클라우드 포레스트를 구경하고,
아침저녁으로 야외의 슈퍼트리 그로브와 OCBC 스카이웨이를 돌아본다.

FOLLOW UP

도심 속 오아시스
가든스 바이 더 베이 필수 코스

거대한 인공 정원을 효율적으로 둘러보려면 계획이 필요하다. 실내와 실외 볼거리, 유료와 무료 시설로 나뉘어 있으니 거리와 동선, 날씨, 시간대를 고려해 인기 명소 위주로 최적의 동선을 짜서 관람한다.

플라워 돔

OCBC 스카이웨이

| 15:00 | 16:30 | 18:00 | 19:00 | 19:45, 20:45 |

클라우드 포레스트   슈퍼트리 그로브   가든 랩소디

✅ 가든스 바이 더 베이의 유료 어트랙션 요금

	일반	3~12세
플라워 돔+클라우드 포레스트	S$32	S$18
플라워 돔+슈퍼트리 그로브	S$34	S$21
OCBC 스카이웨이	S$14	S$10
슈퍼트리 그로브	S$14	S$10
플로럴 판타지	S$20	S$12
셔틀버스	1일권 S$3	

각 어트랙션마다 입장료와 운영 시간이 다르니 사전 확인은 필수! 가든 랩소디까지 관람하려면 조금 늦은 오후에 본격적인 투어를 시작하세요.

① 클라우드 포레스트 Cloud Forest

3000개의 유리 패널을 이용해 돔 형태로 지은 실
내 식물원이다. 현대적 디자인은 물론 에너지 효율
을 극대화하기 위한 최첨단 기술을 활용한 미래지향
적 구조물로 가든스 바이 더 베이의 아이콘이다. 기
둥이 없는 돔 형태의 건축물이라 주변이 탁 트여 있
으며, 자동 온도 조절 장치를 이용해 날씨와 온도에
따라 돔이 자동 개폐된다. 특히 세계에서 가장 높은
35m 높이의 실내 인공 폭포와 높이 58m 인공 산인
클라우드 마운틴Cloud Mountain까지 있어 실제 열대
우림처럼 느껴진다. 엘리베이터를 타고 정상에 오
른 뒤 클라우드 마운틴 둘레에 설치된 스카이워크를
따라 다양한 식물을 내려다볼 수 있으며 짧은 트레
킹 체험도 가능하다.

운영 09:00~21:00
요금 일반 S\$32, 3~12세 S\$18 ※플라워 돔 포함

---

② 플라워 돔 Flower Dome

건랭 기후를 유지하는 플라워 돔에는 지중해와 아프리카, 호주 등
아열대 지방의 나무와 특수 식물이 서식한다. 바오밥나무와 선인
장 등 160여 품종, 3만 2000본의 식물이 자라고 있다. 새해, 크
리스마스 등 축제 기간에는 다양한 계절 식물로 꾸미며, 매년 시
즌에 따라 화훼 단지를 조성하는 것도 특징이다. 꼭대기와 곳곳에
설치된 파이프에서 안개처럼 물이 분사되는 미스팅 타임Misting
Time이 있는데, 신비로운 분위기를 자아내는 볼거리이니 놓치지
말자.

운영 05:00~02:00, 미스팅 타임 10:00, 12:00, 14:00, 16:00,
18:00, 20:00
요금 일반 S\$32, 3~12세 S\$18 ※클라우드 포레스트 포함

---

③ 슈퍼트리 그로브 Supertree Grove

싱가포르를 대표하는 아이콘 중 하나인 총 18개의
슈퍼트리로 이루어진 수직 정원. 영화 〈아바타〉를 연
상시키는 슈퍼트리는 철근을 이용해 만들었으며 높
이는 각각 25~50m에 달한다. 슈퍼트리 안쪽에는
200여 종 16만 2900본 이상의 열대식물과 양치식
물이 자란다. 슈퍼트리마다 각각 역할과 기능이 있는
데 태양열을 모아 돔의 공기를 환기하거나, 빗물을
저장하거나, 폐목재를 태워 냉각 에너지로 전환하기
도 한다.

운영 09:00~21:00
요금 무료

④ OCBC 스카이웨이 OCBC Skyway

2개의 슈퍼트리 사이에 걸쳐 있는 구조물로 128m 길이이며 보행자 다리 역할을 한다. 지상에서 22m 높이에 설치되어 있어 이곳을 걸으면 마치 하늘 위를 걷는 듯한 기분이 든다. 유료인 엘리베이터를 타고 OCBC 스카이웨이에 도착하면 마리나베이와 가든스 바이 더 베이의 전망을 감상할 수 있다. 정해진 인원만 입장시키는데, 해 질 녘에는 줄을 서야 할 정도로 대기자가 많다. 오후 5시~8시 30분 사이에 입장하는 경우 관람 시간이 15분으로 제한된다.

운영 09:00~21:00
요금 일반 S$14, 3~12세 S$10

⑤ 가든 랩소디 Garden Rhapsody

매일 저녁 두 차례 환상적인 빛과 조명, 웅장한 음악을 배경으로 열리는 멋진 쇼. 가든스 바이 더 베이의 하이라이트로 무료로 즐길 수 있다. 현지인들은 돗자리를 챙겨 슈퍼트리 그로브 밑에 자리를 잡고 쇼를 관람하기도 한다. 이왕이면 간단한 음료나 스낵을 준비해 가든스 바이 더 베이에서 색다른 피크닉을 즐겨보자.

운영 19:45~20:00, 20:45~21:00 **요금** 일반 S$14, 3~12세 S$10

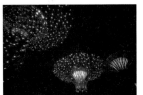

TIP

방문 전에 알아두면 유용한 팁
- 각각의 시설은 한 달에 한 번 쉬는 날이 있으니 홈페이지에서 확인할 것
- 연중 다양한 행사와 이벤트가 열리니 홈페이지를 참고할 것
- 개인적인 사진 촬영은 가능하지만 상업적 촬영은 불가
- 클룩 같은 온라인 예약 플랫폼을 이용해 티켓을 구매하면 줄 서지 않고 입장 가능

마리나베이 맛집

스파고 다이닝 룸
Spago Dining Room

위치	마리나베이 샌즈 호텔 57층
유형	파인다이닝
주메뉴	3코스 세트

☺ → 가성비 좋은 3코스 세트가 인기
☹ → 식사하면서 즐기기 좋은 전망은 아님

가는 방법 MRT 베이프런트Bayfront역에서 도보 5분 **주소** L57, Sands SkyPark, Hotel, Tower 2, 10 Bayfront Ave **문의** 65 6688 9955 **운영** 12:00~14:30, 18:00~22:00(금·토요일은 22:30까지) **예산** 3코스 런치 세트 S\$65~, 3코스 디너 세트 S\$88~ ※봉사료+세금 19% 추가 **홈페이지** marinabaysands.com

마리나베이 샌즈 57층에 있는 파인다이닝 레스토랑으로 미국의 유명 셰프 울프강 퍽이 마리나베이 샌즈에 낸 첫 매장으로 유명하다. 멋진 전망과 훌륭한 구성의 세트 메뉴를 즐길 수 있다. 3코스 런치 세트와 디너 세트가 가격 대비 만족도가 높다. 참치를 이용한 타르타르 콘, 대구 스테이크, 램 찹 등이 대표 요리이며 플레이팅도 수준급이다. 실내와 야외 테라스에 좌석이 마련되어 있다.

와쿠다
Wakuda

위치	마리나베이 샌즈 호텔 L층
유형	파인다이닝
주메뉴	일식

☺ → 합리적인 가격대의 런치 세트가 인기
☹ → 6세 이하 입장 불가

스타 셰프 와쿠타 데쓰야가 진두지휘하는 일식 레스토랑으로 일본 요리를 현대적으로 재해석해 내놓는다. 일본식 사시미, 스시, 롤, 덴푸라, 우동 등 메뉴가 다양하다. 디너 타임도 인기 있지만 스타터와 메인, 디저트로 구성된 합리적인 가격의 일식 런치 세트의 만족도가 높다. 런치 세트에는 덴푸라, 돈가스, 스시, 장어, 와규 비프 라이스, 랍스터 퀴노아 등이 포함된다. 플립플롭, 슬리퍼, 크록스 등 착용 시 성인과 어린이 모두 출입이 제한될 수 있다.

가는 방법 MRT 베이프런트Bayfront역에서 도보 5분
주소 Lobby Hotel Tower 2, 10 Bayfront Ave **문의** 65 6688 8885
운영 런치 11:30~14:30, 디너 17:00~21:30(목~토요일은 22:30까지) **예산** 3코스 런치 세트 S\$55~92, 단품 요리 S\$20~
※봉사료+세금 19% 추가 **홈페이지** marinabaysands.com

오버이지
OverEasy

위치 원 풀러턴 쇼핑몰 1층
유형 아메리칸 레스토랑
주메뉴 브런치, 밀크셰이크

☺→ 가성비 좋은 브런치, 미국식 메뉴
☹→ 브레이크 타임 있음

맥주와 함께 가벼운 핑거 푸드를 먹기 좋은 곳으로 밀크셰이크, 미국 동부 스타일의 백립, 맥앤치즈 등 미국식 메뉴를 낸다. 마리나베이 샌즈와 마주해 있으며 낮 시간에는 간단하게 브런치나 햄버거 등을 먹기 좋다. 저녁 시간 전까지 브레이크 타임이 있고 금요일 밤에는 신나는 디제잉 파티가 열린다. 1층보다는 전망 좋은 2층의 야외 자리가 인기 있다. 저녁에는 손님이 많아 분주하지만 오후 무렵에는 조용히 식사하거나 편하게 시간을 보낼 수 있다.

가는 방법 MRT 래플스 플레이스Raffles Place역에서 도보 5분
주소 #01-06, 1 Fullerton Rd **문의** 65 9129 8484 **운영** 12:00~15:00, 17:00~23:00(토·일요일은 11:00부터) **예산** 단품 메뉴 S$15~, 올데이 브런치 S$25~ ※봉사료+세금 19% 추가 **홈페이지** overeasy.com.sg

팜 비치 시푸드 레스토랑
Palm Beach Seafood Restaurant

위치 원 풀러턴 쇼핑몰 1층
유형 칠리 크랩 전문점
주메뉴 칠리 크랩, 시리얼 새우

☺→ 좋은 위치, 좋은 분위기
☹→ 예약 필수

오랜 시간 한자리를 지켜온 인기 칠리 크랩 전문점. 머라이언 동상과 마리나베이 샌즈가 바라다보이는 싱가포르강 변 최고의 자리에 위치한다. 냉방 시설을 갖춘 실내와 야외에 테이블이 마련되어 있다. 칠리 크랩과 볶음밥의 조합이 인기 만점. 칠리 크랩은 양이 많고 맛도 좋은 편이다. 바삭한 시리얼 새우도 평이 좋으며 6명부터 10명까지 인원수에 따라 다양한 메뉴를 골고루 주문해 맛볼 수 있는 세트 메뉴도 인기 있다.

가는 방법 MRT 래플스 플레이스Raffles Place역에서 도보 5분
주소 #01-09 One Fullerton, 1 Fullerton Rd **문의** 65 6336 8118
운영 12:00~14:30, 17:30~22:30 **예산** 칠리 크랩 1kg S$129~, 볶음밥 S$22~ ※봉사료+세금 19% 추가 **홈페이지** palmbeachseafood.com

마칸수트라 글루턴스 베이
Makansutra Gluttons Bay

위치　에스플러네이드 시어터스 온 더 베이 근처
유형　호커 센터
주메뉴　다국적 요리, 칠리 크랩

☺→ 관광객 대상의 호커 센터
☹→ 늦은 오후에 운영 시작

> 먼저 자리를 잡은 뒤 마음에
> 드는 음식점에서 메뉴를 주문하고
> 계산해요. 주류와 음료는 따로
> 주문해 가져오면 돼요. 휴지도
> 유료이니 미리 준비해 가면 좋아요.
> ▶ 호커 센터 이용법 1권 P.058

싱가포르의 인기 호커 센터(음식점을 모아놓은 일종의 푸드 코트)로 예전만큼은 아니지만 저렴하게 식사를 하기 위해 여전히 찾는 이가 많다. 비교적 저렴하게 칠리 크랩을 맛볼 수 있는 해산물 식당도 있고, 저녁 시간이면 주변을 산책하기도 좋다. 호커 센터에는 10여 가지 각기 다른 요리를 선보이는 음식점들이 모여 있으며 주류와 음료를 판매하는 글루턴스 바Gluttons Bar, 디저트 매장 스위트 스폿 The Sweet Spot이 함께 자리해 한자리에서 완벽한 한 끼를 즐길 수 있다.

📍
가는 방법 MRT 에스플러네이드Esplanade역에서 도보 7분
주소 #01-15 Esplanade Mall, 8 Raffles Ave
문의 065 6438 4038
운영 16:00~23:00(금 · 토요일은 15:00~23:30)
휴무 월요일 **예산** 단품 메뉴 S$10~20 ※봉사료+세금 포함
홈페이지 makansutra.com

쥐라기 네스트 푸드홀
Jurassic Nest FoodHall

위치　가든스 바이 더 베이 1층
유형　푸드 코트
주메뉴　나시 르막, 치킨 라이스

☺→ 아이들과 함께하기 좋은 공간
☹→ 미슐랭 본점에 비해 맛은 떨어지는 편

📍
가는 방법 MRT 베이프런트Bayfront역에서 도보 20분
주소 #01-19, 18 Marina Gardens Dr
운영 11:00~21:00
예산 식사 S$15~, 음료 S$4~ ※봉사료+세금 15% 추가

쥐라기 공원을 테마로 한 푸드 코트. 공룡과 나무를 이용해 잘 꾸몄으며, 매 시간 공룡이 움직이는 쇼도 펼친다. 가든스 바이 더 베이 1층 안쪽의 슈퍼트리 그로브 바로 앞에 있다. 싱가포르를 비롯해 아시아 요리를 전문으로 하는 미슐랭 레스토랑 분점이 모여 있으며, 특히 나시 르막으로 유명한 나시 르막 아얌 탈리왕Nasi Lemak Ayam Taliwang과 호커찬Hawker Chan이 인기 있다. 실내 환경이 쾌적하고 저녁 무렵이면 가든스 바이 더 베이의 가든 랩소디가 열려 식사 후 구경하는 것도 좋다.

라사푸라 마스터스
Rasapura Masters

위치 숍스 앳 마리나베이 샌즈 지하 2층
유형 푸드 코트
주메뉴 싱가포르를 비롯한 아시아 요리

😊 → 비교적 합리적인 가격
😒 → 빈자리 찾는 게 다소 어려움

마리나베이 샌즈의 쇼핑몰인 숍스 앳 마리나베이 샌즈 내에 자리한 인기 푸드 코트로 1950년대 식민지 시대 분위기로 꾸민 것이 특징이다. 싱가포르 요리는 물론 아시아 각국의 요리를 내며 딤섬, 치킨 라이스 등 가볍게 먹기 좋은 메뉴도 있다. 일부 코너는 24시간 운영하는데 의외로 아침 식사를 하러 오는 현지인이 많다. 토스트와 반숙 달걀에 싱가포르 현지식 커피인 코피 Kopi를 곁들인 아침 메뉴도 있다.

📍
가는 방법 MRT 베이프런트Bayfront역에서 도보 10분
주소 #B2-49A/50-532, Bayfront Ave
운영 08:00~22:00(금 · 토요일은 23:00까지)
예산 단품 메뉴 S$10~20 ※봉사료+세금 포함
홈페이지 marinabaysands.com

SPECIAL THEME

현지 직장인들이 사랑하는 호커 센터
라우 파 삿 식도락 여행

싱가포르 여행 중 빼놓을 수 없는 미식 체험은 바로 호커 센터를 경험하는 일. 특히 마리나베이에는
싱가포르 사람들이 즐겨 찾는 호커 센터, 라우 파 삿이 있다. 고층 빌딩 사이로는 싱가포르의 현대와 전통이
절묘하게 어우러진 독특한 광경이 펼쳐진다. 이곳의 진짜 하이라이트는 오후 7시부터 사테구이 노점이 형성되는
사테 스트리트. 라우 파 삿과 사테 스트리트는 동일한 위치에 있지만 운영 시간과 메뉴는 전혀 다르다.

가는 방법 MRT 다운타운Downtown역에서 도보 4분 **주소** 18 Raffles Quay **문의** 65 6220 2138
운영 24시간 **예산** 단품 메뉴 S$7~15, 사테 S$16~ ※봉사료+세금 포함 **홈페이지** laupasat.sg

 빅토리아 양식의 고풍스러운 호커 센터
라우 파 삿 *Lau Pa Sat*

1894년에 지은 라우 파 삿은 호키엔어(중국 본토 남동부의 호키엔족이 사용한 언어)로 '오래된 시장'이라는
뜻이다. 현재는 인근 지역에서 근무하는 직장인들이 즐겨 찾는 인기 호커 센터로 운영하며 메뉴가 다양하고
맛도 좋은 편이다. 낮에는 가성비 좋은 세트 메뉴로 점심을 해결하려는 직장인이 모여들고 저녁이면 관광객까
지 더해져 불야성을 이룬다. 24시간 운영하지만 손님이 몰리는 저녁 시간에만 문을 여는 매장도 있으니 이왕
이면 저녁에 가서 여러 가지 메뉴와 함께 시원한 맥주를 곁들이며 싱가포르의 밤을 즐겨보자. 빅토리아 양식
의 고풍스러운 건물에 위치한 음식점에는 각각 고유 번호가 있어 번호로 찾아가면 편하다.

CHECK

메뉴별 추천 음식점
- 프라이드 캐럿 케이크 10번, 26번
- 마라탕 61~62번
- 나시 르막 71번
- 치킨 라이스 19번, 31번, 14번
- 바쿠테 27번

라우 파 삿에서 주문 방법
1. 빈자리를 찾아 앉는다.
2. 원하는 메뉴를 선택해 주문하고 결제한다.
3. 음식이 나오면 직접 가져와서 식사한다. 매장에 따라 진동 벨을
   이용하는 경우도 있으나 보통 기다렸다가 음식을 받아 온다.
4. 식사 후 퇴식대에 빈 그릇과 쟁반을 놓아둔다.

2 술 한잔 하기 좋은 야시장

사테 스트리트 *Satay Street*

라우 파 삿 옆으로 나 있는 사테 스트리트는 낮에는 차량이 오가는 도로이지만 저녁 7시부터 차량 진입을 막고 테이블과 의자를 세팅해 거리 맛집으로 변한다. 동남아시아 대표 꼬치 구이인 숯불에 구운 사테에 맥주를 곁들여 먹는 것으로 유명하다. 사테만 파는 곳도 있고 다른 메뉴와 함께 파는 곳도 있으며, 호객 행위를 한다. 영업 시작 전에 미리 주문하면 덜 기다리고 빠르게 사테를 먹을 수 있다. 맥주는 별도로 마련된 음료 판매점에서 구입한다. 최근에는 근처 편의점에서 맥주를 사 와서 먹기도 하지만 어느 정도 눈치는 각오해야 한다.

CHECK ▶

인기 사테 음식점
• 7~8호

 사테 스트리트에서 주문 방법

① 마음에 드는 음식점을 선택해 사테를 주문한다(보통 원하는 개수로 주문 가능하며 1인당 4~5개가 적당하다).
② 빈자리를 찾아 착석한다. 자리는 선착순이다.
③ 사테가 준비되면 진동 벨로 알려준다.
④ 푸드 코트 내 음료 코너에서 주문하거나 편의점에서 사 온 맥주를 곁들여 사테를 즐긴다.
⑤ 구역마다 마련된 퇴식구에 남은 음식과 쓰레기를 분리수거해 버리고, 빈 그릇과 쟁반을 놓아둔다.

마리나베이 나이트라이프

르 누아르 앳 MBS
Le Noir @ MBS

위치	마리나베이 샌즈 1층
유형	레스토랑 & 펍
주메뉴	서양식 핑거 메뉴

- ☺→ 신나는 라이브 밴드 공연
- ☹→ 정신이 없을 정도로 복잡함

신나는 라이브 밴드 공연을 볼 수 있는 인기 펍. 라이브 뮤직을 콘셉트로 디제잉 공연과 로컬 밴드 공연이 열린다. 공연이 없는 시간대에는 대형 TV로 영국 프리미어 리그, F1, 크리켓, 럭비 등 인기 스포츠 채널을 틀어준다. 리버 크루즈 선착장 앞에 자리해 접근이 용이하며 매일 밤 펼쳐지는 스펙트라를 감상하기도 좋다.

가는 방법 MRT 베이프런트Bayfront역에서 도보 9분 **주소** #01-84, 2 Bayfront Ave **문의** 65 8684 2122 **운영** 15:00~01:00(금·토요일은 02:00까지, 토·일요일은 11:30부터) **예산** 메인 요리 S$26~, 칵테일 S$20~ ※봉사료+세금 19% 추가 **홈페이지** lenoir.com.sg

세 라 비
Cé La Vi

위치	마리나베이 샌즈 57층
유형	루프톱 바
주메뉴	칵테일

- ☺→ 고층에서 즐기는 마리나베이 전망
- ☹→ 자리에 따라 최소 이용 금액 있음

마리나베이 샌즈 57층에 위치한 스카이 루프톱 바. 스카이 바와 클럽 라운지, 레스토랑으로 구역이 나뉘어 있다. 원하는 공간에서 식사를 하거나 칵테일을 마시며 싱가포르의 멋진 야경을 만끽할 수 있다. 호텔 투숙객이 아닌 경우 이곳을 이용하려면 입장권을 구입해야 한다. 입장권은 식사 메뉴나 음료 바우처로 사용할 수 있는데, 입장권 금액만큼 식사 메뉴나 주류, 음료 등을 주문하면 된다. 세 라 비 전용 입장 부스는 마리나베이 샌즈 타워 3의 1층 로비에 있다. 너무 늦은 저녁보다는 해 질 무렵이 분위기가 좋다. DJ의 음악에 맞춰 춤을 출 수 있는 클럽 라운지는 10시 이후 밤이 깊을수록 더욱 활기를 띤다.

가는 방법 MRT 베이프런트Bayfront역에서 도보 9분
주소 57F, Tower 3, 1 Bayfront Ave
문의 65 6508 2188
운영 12:00~04:00
(일~화요일은 02:00까지)
예산 입장권 1인 S$35
※봉사료+세금 19% 추가
홈페이지 celavi.com

랜턴
Lantern

위치	풀러턴 베이 호텔 옥상
유형	루프톱 바
주메뉴	맥주, 칵테일

☺ → 마리나베이 샌즈 전망은 덤!
☹ → 지나치게 캐주얼한 복장은 금물

풀러턴 베이 호텔 옥상에 자리한 인기 루프톱 바. 마리나베이 샌즈가 한눈에 보이는 싱가포르 대표 야경 포인트라 현지인은 물론 관광객에게도 인기가 높다. 전체적으로 음식에 대한 평은 좋지 않지만 눈앞에 펼쳐지는 멋진 전망은 싱가포르에서도 손꼽힌다. 식사보다는 가볍게 칵테일이나 맥주 한잔 즐기는 것이 좋다. 평일에는 웨이팅이 길지 않지만 주말 저녁에는 예약하고 갈 것을 추천한다. 플립플롭 착용 시 입장 불가.

가는 방법 MRT 다운타운Downtown역에서 도보 8분
주소 80 Collyer Quay **문의** 65 3129 8229
운영 15:00~01:00(금 · 토요일은 02:00까지)
요금 칵테일 S$22~, 와인 S$19~, 생맥주 S$17~ ※봉사료+세금 포함
홈페이지 www.fullertonhotels.com

레벨 33
Level 33

위치	마리나베이 파이낸셜 센터 33층
유형	루프톱 레스토랑 & 바
주메뉴	맥주, 칵테일

☺ → 멋진 야경이 펼쳐지는 뷰 맛집
☹ → 야외 테라스는 최소 이용 금액 있음

가는 방법 MRT 다운타운Downtown역에서 도보 2분
주소 #33 - 01 Tower 1, 8 Marina Blvd
문의 065 6834 3133
운영 12:00~23:00
예산 맥주 테스터(5종) S$26,90~, 런치 세트(2코스) S$48~
※봉사료+세금 19% 추가
홈페이지 level33.com.sg

싱가포르 대표 야경 맛집으로 통하는 곳. 마리나베이 파이낸셜 센터 33층에 위치한 레스토랑 & 바로 낮 시간에는 런치 코스를 즐기고, 저녁 시간에는 스펙트라를 감상하며 맥주나 칵테일을 마시기 좋은 분위기다. 아름다운 야경이 펼쳐지는 야외 테라스는 최소 이용 금액(1인 S$100)이 있으며, 인기가 높은 주말이나 저녁 시간에 방문하려면 미리 예약해야 한다. 또 저녁에는 비즈니스 캐주얼 드레스 코드가 적용되며 낮 시간보다 맥주가 비싸다.

마리나베이 쇼핑

숍스 앳 마리나베이 샌즈
Shoppes at Marina Bays Sands

위치 마리나베이 샌즈
유형 복합 쇼핑몰
특징 다양한 브랜드 매장

170여 개의 글로벌 브랜드와 명품 매장, 레스토랑, 카지노, 푸드 코트 등으로 이루어진 복합 쇼핑몰이다. 한 가운데에는 베네치아를 연상시키는 수로를 만들어 삼판 보트를 탈 수 있도록 조성했다. 실내는 쾌적하고 냉방 시설이 잘되어 있어 시원하다. 규모가 워낙 크다 보니 둘러보는 것만으로도 많은 체력이 소모된다. 다이닝 공간에서 식사하거나 싱가포르의 유명 커피 매장에서 커피를 마시며 여유를 누려본다. 카지노는 여권을 소지하고 있어야 입장이 가능하다.

층별 안내

L1층	▶ Shop 돌체 & 가바나, 구찌, 미우미우 ▶ Cafe 퍼센트 아라비카
B1층	▶ Shop 샤넬, 디올, 펜디, 페라가모, 조르지오 아르마니, 발렌티노 ▶ Food & Cafe TWG, 브레드톡
B2M층	▶ Shop 발리, 보스, 론진, 리모와, 롤렉스
B2층	▶ Shop 이솝, 애플, 아베다, 배쓰앤바디웍스, 불가리, 버버리, 까르띠에, 찰스앤키스, 코치, 에르메스 ▶ Food & Cafe 바샤 커피, 라사푸라 마스터스

가는 방법 MRT 베이프런트Bayfront 역에서 도보 8분
주소 10 Bayfront Ave
문의 65 6688 8868
운영 10:00~22:00
홈페이지 marinabaysands.com

마리나 스퀘어
Marina Square

위치	선텍 시티 근처
유형	복합 쇼핑몰
특징	현지인이 많이 찾는 쇼핑몰

인기 있는 브랜드가 많이 입점한 쇼핑몰로 특히 일본 상점과 레스토랑이 많은 것이 특징이다. 쇼핑몰 바깥쪽은 마리나베이 샌즈와 아트사이언스 뮤지엄, 에스플러네이드 건물이 잘 보이는 전망 포인트로도 유명하다. 쇼핑몰 내에 현지인에게 인기 있는 푸드 코트와 패스트푸드점, 카페가 있어 점심시간이면 매우 혼잡하다. 주변의 파크로열 컬렉션, 만다린 오리엔탈, 팬 퍼시픽 등의 호텔과 전용 통로로 연결되며 현지인을 위한 마리나 스퀘어 런치타임 셔틀버스를 무료로 운행한다.

가는 방법 MRT 에스플러네이드Esplanade역에서 도보 3분 **주소** 6 Raffles Blvd
문의 065 6011 6001 **운영** 10:00~22:00
※ 셔틀버스 월~금요일 11:30~14:20 운행
홈페이지 marinasquare.com.sg

TIP
마리나 스퀘어 런치타임 셔틀버스 이용
콜리어 키 센터Collyer Quay Centre(택시 승차장 근처)와 싱가포르 랜드 타워Singapore Land Tower 근처에서 셔틀버스를 타면 마리나 스퀘어 건물 앞 택시 승차장 근처에 정차한다. 자세한 셔틀버스 시간표는 마리나 스퀘어 공식 홈페이지에서 확인할 것.

선텍 시티
Suntec City

위치	마리나베이 스퀘어 근처
유형	복합 쇼핑몰
특징	중저가 브랜드, 빅 버스와 덕 투어 버스 탑승장

마리나베이 주변의 인기 쇼핑몰로 규모가 크고 먹거리와 즐길 거리가 다양하다. 중저가 브랜드가 많고 아이들이 좋아하는 토이저러스 매장과 영화관도 있다. 지하에는 자이언트 마켓과 현지인에게 인기 있는 요리를 파는 푸드 코트, 한식당이 있다. 야외에는 홉온 홉오프 빅 버스와 덕 투어가 시작되는 허브인 버스 탑승장이 있어 여행자들이 많이 찾는다.

가는 방법 MRT 프로머나드Promenade역에서 도보 3분 **주소** 3 Temasek Blvd
문의 65 6266 1502 **운영** 10:00~22:00 **홈페이지** sunteccity.com.sg

RIVERSIDE & CITY HALL

리버사이드 & 시티 홀

싱가포르의 문화 중심지로 통하는 시티 홀은 '올드 시티', '콜로니얼 지구'로도
많이 알려져 있다. 래플스 호텔과 내셔널 갤러리 싱가포르, 세인트 앤드루 대성당, 차임스,
페라나칸 뮤지엄 등 찬란했던 영국 빅토리아 시대의 역사적 건축물이 여전히 시티 홀 주변에 남아 있다.
이들 건축물은 많은 변화와 개발에도 불구하고 예전 모습을 간직하고 있다.
리버사이드는 클라크 키, 보트 키, 로버트슨 키 등으로 알려진 싱가포르강을 따라 형성된 지역이다.
리버사이드 주변 역시 래플스 상륙지, 아시아문명박물관 등 소중한 문화유산이 존재한다.
리버사이드를 따라 오가는 전통 범보트를 타고 누리는 낭만은 이 지역에서만 경험할 수 있다.
리버사이드와 시티 홀을 오가며 진정한 싱가포르를 만끽하고 과거로의 시간 여행을 떠나보자.

건축물

래플스
호텔

클라크
키

미술관

나이트라이프

브런치

리버사이드

리버
크루즈

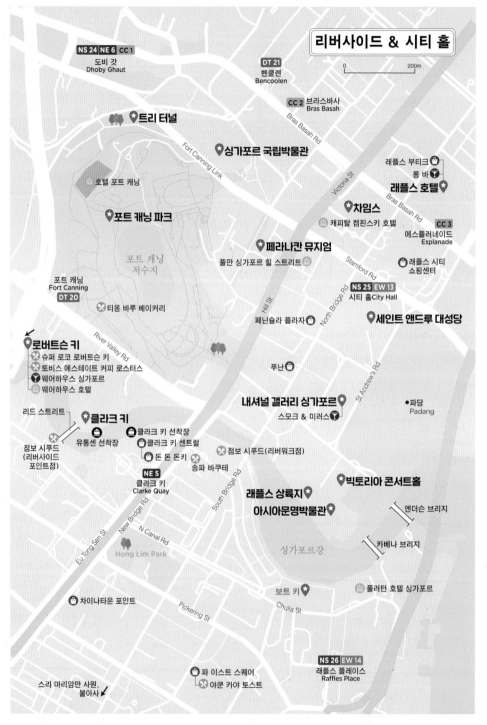

리버사이드 & 시티 홀

NS 24 **NE 6** **CC 1**
도비 갓
Dhoby Ghaut

DT 21
벤쿨렌
Bencoolen

CC 2 브라스바사
Bras Basah

Bras Basah Rd

트리 터널

Fort Canning Link

싱가포르 국립박물관

래플스 부티크
롱 바
래플스 호텔

호텔 포트 캐닝

차임스
캐피탈 켐핀스키 호텔

Victoria St

포트 캐닝 파크

CC 3
에스플러네이드
Esplanade

페라나칸 뮤지엄
풀만 싱가포르 힐 스트리트

래플스 시티
쇼핑센터

포트 캐닝
저수지

Stamford Rd

Hill St

North Bridge Rd

NS 25 **EW 13**
시티 홀 City Hall

포트 캐닝
Fort Canning
DT 20

티옹 바루 베이커리

페닌슐라 플라자

세인트 앤드루 대성당

River Valley Rd

로버트슨 키
슈퍼 로코 로버트슨 키
토비스 에스테이트 커피 로스터스
웨어하우스 싱가포르
웨어하우스 호텔

푸난

St Andrew's Rd

내셔널 갤러리 싱가포르
스모크 & 미러스

파당
Padang

리드 스트리트

클라크 키
점보 시푸드
(리버사이드
포인트점)

유통센 선착장

클라크 키 선착장
클라크 키 센트럴
돈 돈 돈키

점보 시푸드 (리버워크점)

송파 바쿠테

NE 5
클라크 키
Clarke Quay

New Bridge Rd

South Bridge Rd

빅토리아 콘서트홀

앤더슨 브리지

래플스 상륙지
아시아문명박물관

카베나 브리지

싱가포르강

Eu Tong Sen St

N Canal Rd

Hong Lim Park

보트 키

풀러턴 호텔 싱가포르

차이나타운 포인트

Pickering St

Chulia St

스리 마리암만 사원,
불아사

파 이스트 스퀘어
야쿤 카야 토스트

NS 26 **EW 14**
래플스 플레이스
Raffles Place

0   200m

싱가포르의 과거와 현재!
클래식함과 낭만이 살아 숨 쉬는 곳

콜로니얼 양식 건축물에서의 역사 · 문화 탐방을 비롯해 호텔, 다이닝 공간으로 재탄생한 과거의 유산들이 공존한다. 싱가포르강을 따라 시티 홀과 클라크 키, 보트 키, 로버트슨 키 등이 형성된 리버사이드에서 미식과 크루즈를 즐기며 낭만을 만끽해보자.

🔊 주요 이용 역
- MRT 시티 홀역
- MRT 클라크 키역
- MRT 포트 캐닝역
- MRT 래플스 플레이스역

🔜 소요 시간 8시간~

🔜 예상 경비 입장료 S$40 + 교통비 S$10 + 리버 크루즈 S$28 + 식비 S$30 = Total S$108

🔜 기억할 것 리버 크루즈는 석양 무렵이나 매일 밤 스펙트라가 시작되는 시간(8시, 9시)대에 이용하면 멋진 야경을 볼 수 있다.

F⊙LLOW

이런 사람 팔로우!
🔜 싱가포르의 과거가 궁금하다면
🔜 건축물 탐방을 좋아한다면
🔜 미식과 나이트라이프를 즐긴다면

Let's Go!

래플스 호텔 & 래플스 부티크

도보 4분

차임스 & 세인트 앤드루 대성당

도보 8분

푸난 몰 쇼핑 & 점심 식사
추천 야쿤 카야 토스트 또는 토스트박스

도보 3분

세인트 앤드루 대성당

내셔널 갤러리 싱가포르

도보 7분

도보 5분

보트 키 산책

아시아문명박물관 & 래플스 상륙지

도보 10분

클라크 키에서 리버 크루즈 탑승

도보 2분

저녁 식사
추천 송파 바쿠테 또는 점보 시푸드

낭만을 즐기는 리버 크루즈

 01

래플스 호텔
Raffles Hotel

싱가포르 역사를 간직한 호텔 이상의 관광 명소

1887년에 개장해 130년 역사를 자랑하는 호텔. 단순한 호텔이 아닌 정부가 인정한 문화유산으로 1987년 국가 기념물로 지정되었다. 2017년에 시작한 복원 작업을 마무리하고 2021년 재개장했다. 115개의 스위트룸과 래플스 호텔을 상징하는 다양한 기념품을 판매하는 래플스 부티크Raffles Boutique, 글로벌 브랜드로 꾸민 아케이드 형태의 쇼핑몰, 명성 높은 레스토랑과 바를 운영한다. 싱가포르를 대표하는 최고급 호텔의 명맥을 유지하고 있으며 콜로니얼 시대의 분위기가 흐르는 호텔과 볼거리가 가득한 부대시설은 예나 지금이나 인기가 높다.

🏛 **가는 방법** MRT 시티 홀City Hall역 B번 출구에서 도보 5분
주소 1 Beach Rd **문의** 65 6337 1886 **홈페이지** www.raffles.com

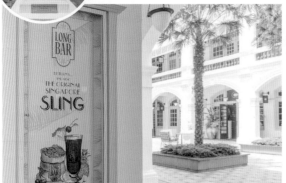

⑫ 차임스
Chijmes

📍
가는 방법 MRT 시티 홀City Hall
역에서 도보 2분
주소 30 Victoria St
문의 65 6265 3600
운영 24시간(매장마다 다름)
요금 무료
홈페이지 www.chijmes.com.sg

싱가포르의 아이콘을 만날 수 있는 장소

빅토리아 거리에 위치한 차임스는 싱가포르의 역사적 건물을 개조한 복합 문화 공간이다. 1840년 수도원과 고아원이던 이곳은 1854년 프랑스 수녀들이 설립한 여학교로 사용되었으며, 1983년 폐교 후 1990년 보존 건물로 지정되었고 1996년 문화 예술 공간으로 재탄생했다. 현재 차임스에는 다양한 레스토랑과 바, 공연장, 갤러리가 들어서 있다. 저녁이면 근사한 다이닝 공간으로 변하고 은은한 조명이 어우러져 로맨틱한 분위기를 연출한다. 가격대가 높기는 하지만 미슐랭 스타 셰프 레스토랑에서 훌륭한 요리를 맛보기 위해 미식가들이 즐겨 찾는다. 수도원으로 사용하던 건물은 그대로 남아 현지인의 웨딩홀로 이용하기도 한다. 싱가포르의 역사와 현대가 어우러진 독특한 공간으로, 관광객과 현지인 모두에게 인기 있는 명소로 자리매김 중이다.

▶ TRAVEL TALK ▶

**다이닝 명소로
재탄생**
차임스는 싱가포르에서 두 번째로 역사가 오래된 건물이에요. 유명 건축가 조지 콜먼이 지은 초기의 콜드웰 하우스를 프랑스 신부가 사들여 수도원과 고아원으로 사용하다가 1996년에 대대적인 공사를 거쳐 지금의 문화 예술 공간으로 재탄생했어요.

⑬ 내셔널 갤러리 싱가포르
National Gallery Singapore

싱가포르의 아이콘을 만날 수 있는 장소

싱가포르와 동남아시아의 현대미술을 전시하는 대규모 미술관으로, 1992년 싱가포르 문화유산으로 지정되었다. 2015년에 10여 년간의 긴 공사를 마치고 재개장했는데 싱가포르의 역사적 건물인 구 대법원과 시청사를 개조해 만들었다. 갤러리에는 싱가포르의 유명 작가들과 국제적 작가들의 작품 8000점 이상이 소장, 전시되어 있다. 이곳은 단순히 전시 공간을 넘어 다양한 예술 교육 프로그램을 제공한다. 또한 어린이 체험관, 레스토랑, 카페, 바, 갤러리 숍 등 편의 시설을 갖추어 여행자들도 많이 찾는다.

가는 방법 MRT 시티 홀City Hall역에서 도보 4분
주소 1 St Andrew's Rd, #01-01
문의 65 6271 7000 **운영** 10:00~19:00
요금 일반 상설 전시 S$20, 특별 전시 S$25,
상설 전시+특별 전시 S$30 / 7~12세 모든 전시 S$5
홈페이지 www.nationalgallery.sg

CHECK

마리나베이 샌즈를 마주하고 있는 루프톱 바, 스모크 & 미러스 Smoke & Mirrors

내셔널 갤러리 싱가포르 6층에 자리하며, 마리나베이 샌즈가 정면으로 보이는 야외 자리에서 칵테일 한잔 하기 좋다. 오후 6시에 문을 여니 느지막이 방문한다.

운영 18:00~24:00 **홈페이지** www.smokeandmirrors.com.sg

⒰ 세인트 앤드루 대성당
St Andrew's Cathedral

네오고딕 양식의 고즈넉한 성당

싱가포르에서 가장 오래된 영국 성공회 소속 성당
으로, 싱가포르의 심장부라 할 수 있는 시티 홀 인
근에 있다. 1845년과 1849년 두 차례 번개를 맞아
붕괴되었다. 현재의 건물은 1962년에 네오고딕 양
식으로 다시 지은 것이며, 2003년 확장 공사로 2층
짜리 철재 구조 공간을 새로 지었다. 저녁 무렵에는
은은한 조명이 성당을 비춘다. 성당 구경 후, 최근
관광객을 위해 운영하기 시작한 웰컴 센터에서 잠
시 쉬어 가기 좋다.

가는 방법 MRT 시티 홀City Hall역
B번 출구에서 도보 1분
주소 11 St Andrew's Rd
문의 65 6337 6104
운영 07:00~20:00
홈페이지 cathedral.org.sg

⒨ 아시아문명박물관
Asian Civilisations Museum

아시아 문화유산의 보고

싱가포르 3대 박물관에 속하며, 지난 세기에 세계 각 지역에서 싱가포르로 이
주해 정착한 사람들의 다양한 이야기에 관해 전시하고 있다. 또 싱가포르는
물론 이웃한 동남아시아 국가들의 역사, 문화를 소개한다. 3층 건물의 11개
전시관에 1300개가 넘는 품목이 전시되어 있다. 보트 키 인근에 위치한다.

> 아시아문명박물관에서
> 싱가포르강 변을 따라
> 걷다 보면 래플스
> 상륙지Raffles Landing
> Site가 나와요. 1819년
> 1월 28일 스탬퍼드
> 래플스가 처음 싱가포르에
> 발을 디딘 것을 기념하기
> 위해 표시한 지점입니다.

가는 방법 MRT 래플스 플레이스Raffles Place역에서 도보 5분
(풀러턴 호텔 싱가포르 건너편) **주소** 1 Empress Pl **문의** 65 6332 7798
운영 10:00~19:00(금요일은 21:00까지) **요금** 일반 S$20, 학생 · 어린이 S$15(금요일
19:00~21:00 입장 시 일반 S$10, 학생 · 어린이 S$7.50) **홈페이지** acm.org.sg

⑥ 싱가포르 국립박물관
National Museum of Singapore

박물관 관람 시 플래시를 사용한 촬영이나 동영상 촬영, 셀카봉 사용은 금지이니 주의하세요.

싱가포르 유물을 소장한 박물관

1887년에 개관해 싱가포르에서 가장 오래된 박물관. 1300년대 초기부터 현재에 이르기까지 싱가포르 근현대 역사와 페라나칸 관련 역사를 일목요연하게 전시하고 있다. 130년이 넘은 역사를 간직한 박물관은 그 자체로도 훌륭한 건축 명소다. 27m 높이의 돔 구조물은 유리 패널과 물고기 비늘 모양 타일로 이루어졌으며, 건물 양 끝에는 영국을 상징하는 사자와 스코틀랜드를 상징하는 유니콘 모양의 문양이 장식되어 있다. 박물관 내 싱가포르 역사 갤러리는 싱가포르 역사에 관해 시대별로 구분해 관람하도록 동선이 이루어져 있다. 각종 기념품을 판매하는 숍 뮤지엄 마켓Museum Market과 유명 베이커리와 다양한 다이닝 요리를 선보이는 카페 브레라Cafe Brera가 새롭게 운영을 시작했다.

가는 방법 MRT 브라스바사Bras Basah역 또는 벤쿨렌Bencoolen역에서 도보 4분 **주소** 93 Stamford Rd
문의 065 6332 3659 **운영** 10:00~18:30 **요금** 일반 S$10, 학생 · 60세 이상 S$7 ※6세 이하 무료 **홈페이지** nhb.gov.sg

⑦ 페라나칸 뮤지엄
Peranakan Museum

여행자를 위한 무료 가이드 투어를 평일 오전 11시 · 오후 2시 30분, 주말 오전 11시 · 오후 2시 · 3시에 영어로 진행해요.

독특한 로컬 문화를 만날 수 있는 공간

1912년에 건축한 타오 난Tao Nan 학교 건물을 개조해 2005년에 개관했으며 최근 리뉴얼해 재개장했다. 3층으로 이루어진 건물에 총 10개의 전시관이 있다. 각 전시관에는 싱가포르 문화의 뿌리인 페라나칸의 출생, 결혼, 생활, 인물, 관습, 종교 등 그들의 모든 것이 세밀하게 전시되어 있다. 다채로운 페라나칸 문화의 변천사를 비롯해 12일간의 화려한 페라나칸 전통 결혼식, 페라나칸 의상 등이 눈길을 사로잡는다. 뮤지엄 내 레스토랑 트루 블루True Blue에서는 페라나칸 전통 요리도 맛볼 수 있다. 페라나칸은 동남아시아에서 현지 여성과 결혼한 중국계 후손을 뜻한다.

가는 방법 MRT 시티 홀City Hall역에서 도보 15분
주소 39 Armenian St **문의** 065 6440 0449
운영 10:00~19:00(금요일은 21:00까지)
요금 일반 S$18, 학생 · 60세 이상 S$12 ※6세 이하 무료
홈페이지 www.nhb.gov.sg/peranakanmuseum

⑧ 포트 캐닝 파크
Fort Canning Park

도심 속 초록빛 오아시스

도심 한가운데 자리한 공원으로 열대성 나무가 즐비하다. 공원 입구에는 싱가포르 역사가 부조로 새겨져 있다. 계단을 따라 올라가면 쉼터가 나오고 정상에는 군사 요새가 여전히 남아 있다. 이른 아침 시민들이 조깅을 하고 한낮의 무더위를 피하기에 더없이 좋은 곳이다. 녹음 속에서 식사할 수 있는 레스토랑과 여행자들에게 인기 있는 트리 터널Tree Tunnel이 있으며, 싱가포르 현지인들이 사랑하는 티옹 바루 베이커리 Tiong Bahru Bakery도 인근에 새로 문을 열었다.

가는 방법 MRT 포트 캐닝Fort Canning역에서 바로 연결
주소 River Valley Rd **문의** 065 6332 7798 **홈페이지** www.nparks.gov.sg

--- TIP ---
트리 터널를 먼저 보려면 MRT 포트 캐닝역이 아닌 도비 갓Dhoby Ghaut역에서 이동하는 것이 훨씬 빠르고 편리하다.

리버사이드 따라
낭만적인 동네 산책

리버사이드를 따라 이어지는 보트 키, 클라크 키, 로버트슨 키는 도시의 낭만이 깃든 독특한 매력이 넘치는 곳이다.
진정한 휴식과 낭만을 만끽할 수 있는 리버사이드에서 다양한 문화와 맛, 그리고 다채로운 풍경을 만나보자.

Boat Quay

 상업 지구에 위치한 직장인들의 휴식처

보트 키 *Boat Quay*

래플스 상륙지 맞은편에 형성된 보트 키는 과거 싱가포르의 경제와 무
역 중심지였던 곳으로 현재는 옛 창고와 건물이 레스토랑과 카페, 바로
변신해 또 다른 매력을 발산한다. 보트 키 주변은 전문직 종사자들이 가
장 많이 오가는 중심 업무 구역(CBD)이다. 콜로니얼 양식 건물과 마천
루가 공존하는 곳으로 직장인들의 휴식 장소이기도 하다. 관광 명소인
머라이언 동상으로 가는 길목에 위치해 현지인은 물론 여행자도 많이
오간다. 유서 깊은 풀러턴 호텔 싱가포르를 따라 설치된 보트 키 조형물
을 구경하는 재미도 있다. 보트 키 주변으로는 캐주얼한 노천 식당과 카
페, 바, 펍 등이 자리하고 있다. 퇴근 후 강변에서 시원한 강바람을 맞으
며 맥주를 마시거나 식사를 즐기기 좋다. 마리나베이 샌즈와 어우러진
강변 풍경이 무척이나 아름다워 뷰 포인트로도 유명하다.

가는 방법 MRT 래플스 플레이스Raffles Place역에서 도보 5분 **주소** Bonham St

싱가포르 나이트라이프 중심지

클라크 키 *Clarke Quay*

싱가포르강을 따라 형성된 구역으로, 독특한 거축양식과 다채로운 파
스텔 톤 색상의 건물이 즐비하다. 원래 이 일대는 리버사이드 구역 중
에서 교역량이 가장 많았던 곳으로 물류 보관 창고가 있었는데 싱가포
르 정부의 환경 개선 프로젝트로 현재의 모습으로 재탄생했다. 지금도
당시 건물이 남아 있고 각각의 건물은 블록block으로 구분되어 있는데
5개(A~E)의 블록 안에 레스토랑, 카페, 펍, 바, 클럽 등이 자리해 있
다. 신나는 음악을 들으면서 맥주를 마시거나 다양한 음식을 즐기며 싱
가포르의 밤을 만끽하기 좋은 곳이다. 리버 크루즈가 클라크 키에서 출
발한다.

가는 방법 MRT 클라크 키Clarke Quay역에서 도보 3분
주소 Clarke Quay, 3 River Valley Rd

CHECK

클라크 키에는 세련된 레스토랑과 신나는 라이브 밴드의 공연이 펼쳐지는
펍, 재즈 카페, 나이트클럽 등이 모여 있다. 따라서 다른 지역과 달리 저녁
무렵부터 활기를 띤다. 또 건물들이 거대한 지붕으로 연결되어 있어 비가
와도 상관없이 즐거운 시간을 보낼 수 있다. 나이트라이프 추천 스폿으로는
해리스Harry's, 세뇨르 타코Señor Taco, 한집 코리안 그릴 하우스Hanjip
Korean Grill House, 옥타파스Octapas 등이 있다.

 현지 거주 외국인들의 휴식처

로버트슨 키 *Robertson Quay*

클라크 키에 비해 한적한 동네. 현지인들의 주거지와 인접해 있어 편한
복장으로 느긋하게 오가는 사람들의 모습이 자주 눈에 띈다. 저녁이나
주말에는 반려견과 산책 나온 사람, 강가를 따라 자전거를 타거나 조깅
하는 사람도 보인다. 최근 주변에 호텔들이 문을 열어 조금씩 활기를
더하고 있으며 레스토랑, 카페, 쇼핑몰 등이 속속 들어서
앞으로 기대되는 곳이다. 알록달록한 색상의 다리
알카프 브리지Alkaff Bridge 주변으로 캐주얼 식당과
브런치 카페가 자리 잡고 있다. 평화로운
강변 풍경을 감상할 수 있는 곳이다.

가는 방법 MRT 해블록Havelock역에서 도보 6분
주소 Robertson Quay

도시의 심장을 가르는 강물 위 시간 여행
리버 크루즈 River Cruise

리버사이드를 분주하게 오가는 범보트를 타고 싱가포르강에서 낭만을 즐길 수 있다.
여행자들이 주로 이용하는 리버 크루즈는 범보트라 불리는 화물 운송용 보트로 20~30여 명이 한꺼번에
탑승할 수 있다. 보트 키, 클라크 키, 마리나베이 등 정해진 루트를 따라 40~50분가량 운항한다.
싱가포르 마리나베이의 랜드마크들을 구경하며 싱가포르 경치를 감상해보자.

 ## 1 스펙트라Spectra 레이저 쇼

스펙트라는 마리나베이 샌즈의 이벤트 플라자 앞에서
매일 저녁 15분간 진행하는 환상적인 레이저 쇼다. 빛
과 물, 오케스트라 음악이 어우러지는 이 쇼는 무료로
관람할 수 있는 야외 공연이다.

📍
공연 시간 20:00, 21:00(금·토요일은 22:00 추가)
쇼 관람 방법
❶ 이벤트 플라자 앞에서 관람
❷ 리버 크루즈를 타고 관람
❸ 마리나베이 샌즈 건너편에서 관람
　(머라이언 파크와 주변 카페, 레스토랑 등)

2 리버 크루즈 이용법

리버 사이드 주변으로 여러 곳의 업체와 선착장이 있다. 여행자들에게 가장 많이 알려진 '리버 크루즈'는 클라크 키에 있는 매표소에서, '워터B'는 센트럴 빌딩 앞에 있는 매표소에서 티켓을 구매한다. 매일 저녁 스펙트라 공연이 열리는 시간에 맞춰 리버 크루즈를 타는 것이 인기다. 입장권은 클라크 키 선착장 매표소에서 구매하며, 온라인을 통한 사전 구매도 가능하다.

	리버 크루즈	워터B
특징	마리나베이 샌즈, 머라이언 파크, 클라크 키, 보트 키 등 싱가포르의 주요 관광지를 한 번에 돌아볼 수 있다. 해 질 녘 풍경이나 야경을 볼 수 있는 저녁 출발 크루즈가 인기 있다.	마리나베이, 포트 캐닝, 클라크 키, 프로머나드 부두 등 싱가포르의 주요 랜드마크를 지나간다. 가장 인기 있는 탑승 시간은 스펙트라를 관람할 수 있는 오후 7시 30분과 8시 30분.
선착장 & 매표소	• 클라크 키 선착장Clarke Quay Jetty • 베이프런트 사우스 선착장Bayfront South Jetty • 클리퍼드 피어 선착장Clifford Pier Jetty	• 유통센Eu Tong Sen(클라크 키 센트럴 앞) • 포트 캐닝Fort Canning • 베이프런트 노스Bayfront North • 머라이언 파크Merlion Park • 래플스 플레이스Raffles Place ※임시 휴업 중
운행 시간	보통 11:00~22:00(30~60분마다 운행)	14:00~21:00(1시간마다 운행)
소요 시간	40분	40분
스펙트라 공연	19:30, 20:30	19:30, 20:30
요금	일반 S$28, 어린이 S$18 / 스펙트라 공연 일반 S$42, 어린이 S$28	일반 S$28, 어린이 S$18 / 스펙트라 공연 일반 S$40, 어린이 S$30
가는 방법	MRT 클라크 키역에서 도보 5분	MRT 클라크 키역에서 도보 2분
주소	Clarke Quay, Jetty Ticket Counter	8 Eu Tong Sen St
문의	65 6336 6111	65 8318 1819
홈페이지	rivercruise.com.sg	waterb.com.sg

리버 크루즈

워터B

TIP

두 업체 모두 마리나베이 라이트 쇼 크루즈를 운영한다. 스펙트라 공연이 열리는 시간에만 출발하는 특별 크루즈로 60분간 쇼가 진행되며 일반 크루즈보다 조금 비싸지만 크루즈에서 스펙트라를 관람할 수 있다.

리버사이드 & 시티 홀 맛집

점보 시푸드
Jumbo Seafood

위치 리버사이드
유형 인기 맛집
주메뉴 칠리 크랩

😊→ 강변 테라스에서 즐기는 칠리 크랩
😮→ 사전 예약 필수

싱가포르 대표 칠리 크랩 전문점. 리버사이드에 두 곳의 매장이 있는데 가격과 서비스는 물론 맛도 비슷하다. 리버사이드 포인트Riverside Point점은 예약이 필요하지만, 리버워크Riverwalk점은 예약 없이 줄 서서 입장한다. 한국인에게 인기가 많아 한국에 분점을 냈을 정도. 칠리 크랩, 번, 볶음밥이 대표 메뉴로, 칠리 크랩이 포함된 2~10인 세트 메뉴가 있다. 식사는 홈페이지를 통해 미리 예약해야 하며, 예약 시 인원, 날짜, 시간 등을 지정해야 한다.

📍**가는 방법** MRT 클라크 키Clark Quay역에서 도보 3~4분
주소 #01-01/02 Riverside Point, 30 Merchant Rd
문의 65 6532 3435
운영 11:30~23:00(온라인 예약은 15:00까지)
예산 2인 세트 S$188~ ※봉사료+세금 19% 추가
홈페이지 jumboseafood.com.sg

슈퍼 로코 로버트슨 키
Super Loco Robertson Quay

위치 로버트슨 키
유형 멕시코 요리점
주메뉴 멕시코 요리, 브런치

☺→ 분위기 좋은 멕시코 요리점
☹→ 단품 요리 가격은 다소 비싼 편

📍
가는 방법 MRT 해블록Havelock역에서 도보 11분
주소 60 Robertson Quay, #01-13 The
Quayside **문의** 65 6235 8900
운영 11:30~23:00(월요일은 17:00부터)
예산 타코 S$10~13, 런치 세트 S$29 ※봉사료+
세금 19% 추가 **홈페이지** www.super-loco.com

칩스앤살사, 타코, 케사디야, 멕시칸 핫윙 등 다양한 멕시코 요리를 내는 캐주얼 레스토랑으로 주말에는 브런치 메뉴도 있다. 강변에 위치해 분위기가 좋고 테라스 좌석도 운영해 저녁이면 야외에서 간단히 맥주 한잔 하기도 적당하다. 매주 화요일은 타코 데이로, 합리적인 가격에 여섯 가지 타코를 맛볼 수 있는 이벤트를 진행한다. 네 가지 메뉴로 구성된 런치 코스도 가성비가 좋다.

토비스 에스테이트 커피 로스터스
Toby's Estate Coffee Roasters

위치 로버트슨 키
유형 프랜차이즈 카페
주메뉴 서프 & 터프 타워, 커피

☺→ 강변 앞에 자리한 최적의 위치
☹→ 오후 5시면 운영 종료

📍
가는 방법 MRT 해블록Havelock역에서 도보 7분
주소 8 Rodyk St **문의** 65 9177 3256
운영 07:00~15:00(토·일요일 07:30~17:00)
예산 브런치 S$17.60~, 커피 S$4.3~ ※봉사료+
세금 19% 추가 **홈페이지** tobysestate.com.sg

호주에서 시작된 프랜차이즈 카페로 싱가포르에는 2011년 로버트슨 키에 처음 문을 열었다. 신선한 원두로 로스팅한 커피를 제공한다. 브런치는 하루 종일 주문이 가능하지만 햄버거나 샌드위치 등은 12시 이후에만 가능하다. 훈제 연어와 소고기가 들어간 서프 & 터프 타워Surf & Turf Tower 브런치 메뉴는 현지인에게 인기 있다. 이왕이면 강변이 바라보이는 자리에 앉자. 싱가포르와 말레이시아에 매장이 많다.

송파 바쿠테
Song Fa Bak Kut Teh

위치 리버사이드
유형 인기 맛집
주메뉴 바쿠테

☺→ 〈미슐랭 가이드〉 빕 그루망의 맛
☹→ 고기가 다소 질긴 편

📍
가는 방법 MRT 클라크 키Clarke Quay역에서 도보 3분 **주소** #01-01, 17 New Bridge Rd
운영 10:00~21:00 **예산** 바쿠테 S$7~
※봉사료+세금 19% 추가 **홈페이지** songfa.com.sg

싱가포르 국민 요리인 바쿠테 전문점으로 송파 바쿠테의 본점이다. 싱가포르 전통 보양식인 만큼 찾는 이가 많다. 바쿠테란 돼지고기를 오랜 시간 고아서 만든 수프로 우리의 갈비탕과 비슷하지만 다양한 한약재와 허브를 많이 넣는다. 소짜, 대짜 중 선택하고 밥과 반찬은 따로 주문한다. 바쿠테는 작은 사이즈가 조금 더 부드럽다는 평이 많고 육수는 무한 리필된다. QR코드로 주문하고 음식이 나오면 계산하는 후불제다.

리버사이드 & 시티 홀
나이트라이프

롱 바
Long Bar

위치 래플스 호텔 2층
유형 호텔 바
주메뉴 칵테일, 싱가포르 슬링

😊→ 유서 깊은 바, 다양한 메뉴
☹→ 다소 올드한 팝 선곡

롱 바는 싱가포르 슬링이 탄생한 곳이다. 이곳이 자리한 래플스 호텔만큼 유명한 롱 바의 시그너처 싱가포르 슬링은 1915년 바텐더 니암 통 분이 탄생시킨 칵테일이다. 런던 드라이 진과 체리 브랜디를 사용해 핑크빛을 띠며 술잔에 파인애플 한 조각을 꽂아준다. 맛과 향의 조화가 일품이며 당시 음주가 금지된 여성들을 위해 과일 주스처럼 만든 것이라고 알려져 있다. 래플스 호텔 2층에 있다.

가는 방법 MRT 시티 홀City Hall역 B번 출구에서 도보 5분
주소 1 Beach Rd
문의 65 6412 1816
운영 목~토요일 11:00~23:30(일~수요일은 22:30까지)
예산 싱가포르 슬링 S$39~, 맥주 S$24~ ※봉사료+세금 19% 추가
홈페이지 www.raffles.com

스모크 & 미러스
Smoke & Mirrors

위치 내셔널 갤러리 싱가포르 6층
유형 루프톱 바
주메뉴 맥주, 칵테일

😊 → 싱가포르의 파노라마 뷰 포인트
😞 → 야외 테이블은 최소 이용 금액 있음

내셔널 갤러리 싱가포르에 숨어 있는 스피크이지 바(불특정 다수에게 공개하지 않고 홍보도 하지 않는 비밀스러운 가게다). 미술관 건물 6층 루프톱으로 올라가면 아름다운 싱가포르의 야경을 감상할 수 있는 모던한 바가 등장한다. 마리나베이 샌즈를 바라보며 칵테일을 마시거나 술과 함께 식사를 즐길 수 있다. 홈페이지를 통해 예약하고 가면 편리하다. 드레스 코드는 비즈니스 캐주얼이다.

📍
가는 방법 MRT 시티 홀City Hall역 B번 출구에서 도보 8분
주소 #06-01, 1 St Andrew's Rd **문의** 65 8380 6811
운영 18:00~24:00(수 · 토요일은 23:00까지, 목 · 금요일은 01:00까지)
예산 칵테일 S$28~, 단품 요리 S$26~ ※봉사료+세금 19% 추가
홈페이지 www.smokeandmirrors.com.sg

웨어하우스 싱가포르
Warehouse Singapore

위치 클라크 키
유형 라이브 음악 바
주메뉴 피자, 스테이크, 맥주

😊 → 흥겨운 라이브 밴드 공연과 각종 할인 이벤트
😞 → 혼잡한 저녁 시간에는 주문 후 오래 기다려야 함

밴드 음악 소리와 함께 사람들 말소리로 왁자지껄한 분위기의 음식점. 주말 저녁에는 빈자리를 찾기 어려울 정도로 인기가 많다. 야외 테이블에 앉아도 좋고 실내에 자리를 잡아도 좋다. 인터내셔널 밴드의 라이브 공연을 관람하거나 스포츠 중계를 시청하면서 여럿이서 식사나 술을 즐기기 좋은 곳이다. 식사 메뉴가 다양하다.

📍
가는 방법 MRT 클라크 키Clarke Quay역에서 도보 4분
주소 #01-09 Block C, 3C River Valley Rd **문의** 65 6333 4428
운영 17:00~03:00(토요일은 04:00까지) **예산** 칵테일 S$18~,
피자 S$26~, 피시앤칩스 S$22~ ※봉사료+세금 19% 추가
홈페이지 warehousecq.com

리버사이드 & 시티 홀 쇼핑

푸난
Funan

위치	시티 홀 근처
유형	복합 쇼핑몰
특징	다양한 볼거리

MRT 시티 홀역 인근에 새롭게 문을 연 쇼핑몰. 190여 개의 다양한 브랜드 매장과 영화관, 실내 자전거 도로, 스포츠 클라이밍 볼더링 파크 등 즐길 거리가 가득하다. 타오바오 매장과 티옹 바루 스파 등 현지 인기 브랜드가 입점해 있다. 이 외에도 문구용품점 싱크Think, 슈퍼마켓 등이 있으며 루프톱 정원은 규모가 엄청나다.

가는 방법 MRT 시티 홀City Hall역 B번 출구에서 도보 4분
주소 107 North Bridge Rd **문의** 65 6970 1668
운영 10:00~22:00 **홈페이지** www.capitaland.com

래플스 시티 쇼핑센터
Raffles City Shopping Centre

위치	시티 홀 근처
유형	복합 쇼핑몰
특징	식당, 슈퍼마켓, 브랜드 매장 입점

싱가포르에서 두 번째로 큰 대형 복합 쇼핑몰로, 다양한 쇼핑 브랜드는 물론 맛있는 식사를 할 수 있는 지하 1층 식당가와 3층 푸드 플레이스(푸드 코트)가 있다. 접근성이 뛰어나고 시설도 깔끔해 현지인은 물론 여행자에게도 인기 있다. 지하에는 ATM, 환전소, 슈퍼마켓이 있다. 쇼핑과 다이닝을 한자리에서 해결하기 좋은 곳이다.

가는 방법 MRT 시티 홀City Hall역 B번 출구에서 도보 3분
주소 252 North Bridge Rd **문의** 65 6318 0238
운영 10:00~22:00 **홈페이지** www.rafflescity.com.sg

페닌슐라 플라자
Peninsula Plaza

위치	시티 홀 근처
유형	쇼핑몰
특징	아웃도어를 비롯한 상품이 저렴

미얀마와 관련된 다양한 상품을 파는 상점과 식당으로 이루어진 쇼핑몰로 1980년에 문을 열었다. '리틀 미얀마'라는 닉네임으로도 불린다. 아웃도어 의류와 스포츠용 운동화, 식료품 등의 가격이 저렴한 편이다. 일부러 찾아갈 정도는 아니지만 시티 홀 주변을 오갈 때 들러 간단히 구경할 만하다.

가는 방법 MRT 시티 홀City Hall역 B번 출구에서 도보 2분
주소 111 North Bridge Rd **운영** 08:00~22:00
홈페이지 peninsulaplaza.com.sg

클라크 키 센트럴
Clarke Quay Central

위치	클라크 키
유형	복합 쇼핑몰
특징	인기 브랜드 상품

싱가포르강 변을 마주하고 있는 클라크 키 센트럴은 현대적인 쇼핑몰과 오피스 타워가 결합된 복합 건물이다. 5개 층에 대규모 식당가가 입점해 있으며 다이소, 돈 돈 돈키 같은 매장에서 쇼핑을 즐기기에도 그만이다. MRT 클라크 키역과 연결되는 교통 요지로 관광객과 현지인의 발길이 끊이지 않는다. 건물 앞 싱가포르강 변에는 리버 크루즈 탑승장이 있다.

📍
가는 방법 MRT 클라크 키Clarke Quay역에서 바로 연결
주소 6 Eu Tong Sen St
운영 11:00~22:00
홈페이지 fareastmalls.com.sg

래플스 부티크
Raffles Boutique

위치	래플스 호텔 1층
유형	기념품점
특징	래플스 호텔에서 만든 굿즈 판매

래플스 호텔 아케이드 내에 있는 기념품점으로 싱가포르, 래플스 호텔과 관련된 다양한 상품을 판매한다. 가격이 저렴하지는 않지만 이곳에서만 판매하는 레어템이 많다. 여행자들에게 인기 있는 아이템은 카야 잼, 피넛버터 잼, 머그컵, 싱가포르 슬링 잔, 호랑이 인형, 초콜릿 등이다.

📍
가는 방법 MRT 시티 홀City Hall역 B번 출구에서 도보 2분 **주소** 328 North Bridge Rd, #01-26 to 30 Raffles Arcade
문의 65 6412 1143
운영 10:00~20:00
홈페이지 rafflesarcade.com.sg

돈 돈 돈키(클라크 키 센트럴점)
Don Don Donki(Clarke Quay Central)

위치	클라크 키
유형	식료품점
특징	일본의 인기 식료품점

돈 돈 돈키는 일본의 인기 식료품점으로 싱가포르 전역에 매장이 있다. 클라크 키 센트럴점은 규모가 크고 각종 식재료와 포장 음식을 판매하는 푸드 홀도 있다. 일본의 다양한 인기 상품과 식품, 식재료까지 판매하는데 가격은 로컬 마트보다 비싼 편이다. 현지인에게는 스시, 사시미, 샐러드 등 포장된 간편 음식이 인기다.

📍
가는 방법 MRT 클라크 키Clarke Quay역에서 도보 3분 **주소** 6 Eu Tong Sen St, #B1, #11-28/44-51 The Central
운영 09:00~24:00
홈페이지 dondondonki.sg

CHINATOWN

차이나타운

중국계 이민자들이 조성한 싱가포르의 차이나타운은 여행자는 물론 현지인에게도 즐거운 지역이
아닐 수 없다. 차이나타운 헤리티지 센터는 중국계 이민자들의 초창기 생활부터 현재에 이르기까지의
발전 과정을 상세히 소개하며, 거리 곳곳에 중국 전통문화와 다양한 먹거리가 넘쳐난다.
MRT 차이나타운역에서 여행을 시작해 인기 관광 명소인 불아사를 관람하고 현지인이 즐겨 찾는
호커 센터인 맥스웰 푸드 센터에서 식사한 뒤 무료 싱가포르 시티 갤러리를 둘러보며
싱가포르에서 갈수록 영향력이 커지는 중국 이민자들의 문화를 살펴보자.

기념품

중국 문화

불아사

벽화

맥스웰
푸드
센터

힌두교
사원

홍등

차이나타운

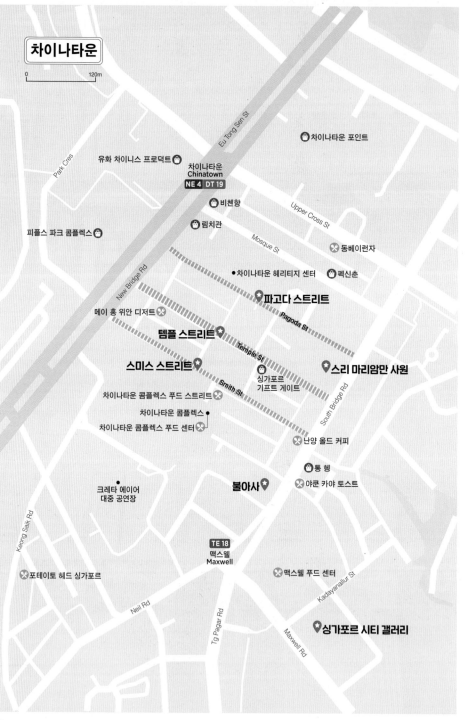

차이나타운

0   120m

Eu Tong Sen St

유화 차이니스 프러덕트

차이나타운 포인트

차이나타운
Chinatown
NE 4   DT 19

Park Cres

Upper Cross St

비첸향

림치관

피플스 파크 콤플렉스

New Bridge Rd

Mosque St

동베이런자

차이나타운 헤리티지 센터

펙신춘

파고다 스트리트

메이 홍 위안 디저트

Pagoda St

템플 스트리트

Temple St

스미스 스트리트

스리 마리암만 사원

싱가포르
기프트 게이트

Smith St

South Bridge Rd

차이나타운 콤플렉스 푸드 스트리트

차이나타운 콤플렉스

차이나타운 콤플렉스 푸드 센터

난양 올드 커피

통 헹

크레타 에이어
대중 공연장

불아사

야쿤 카야 토스트

Keong Saik Rd

TE 18
맥스웰
Maxwell

포테이토 헤드 싱가포르

맥스웰 푸드 센터

Neil Rd

Tg Pagar Rd

Kadayanallur St

싱가포르 시티 갤러리

Maxwell Rd

BEST COURSE
차이나타운 추천 코스

오감 만족 차이나타운!
아기자기한 골목과 가성비 맛집 탐방

19세기 초에 생긴 중국계 이민자들의 거리를 중심으로 본격적인 중국 문화를 만나본다. 파고다 스트리트를 산책하고 불아사를 둘러본 뒤 현지 스타일로 식사를 즐겨보자.

FOLLOW
이런 사람 팔로우!
➥ 소소한 기념품 쇼핑을 좋아한다면
➥ 가성비 좋은 로컬 맛집을 선호한다면
➥ 골목 탐방을 좋아한다면

🚇 **주요 이용 역**
• MRT 맥스웰역
• MRT 차이나타운역

🚩 **소요 시간** 8시간~

🚩 **예상 경비** 교통비 S$10 + 식비 S$30 + 쇼핑 S$30 = Total S$70

🚩 **기억할 것** 차이나타운은 사람들이 많이 모여 있는 지역으로 소매치기 같은 경범죄가 많이 일어나므로 특별한 주의가 필요하다. 종교적 시설에 들어갈 때는 신발을 벗어야 한다.

Let's Go!

불아사 & 스리 마리암만 사원
도보 1분

로컬 아침 식사
추천 난양 올드 커피 또는 야쿤 카야 토스트
도보 6분

림치관 또는 비첸향 육포 맛보기
도보 10분

차이나타운 거리

싱가포르 시티 갤러리 관람
도보 2분

인기 디저트 맛보기
도보 1분

호커 센터에서 점심 식사
추천 맥스웰 푸드 센터
도보 3분

파고다 스트리트 구경 & 기념품 쇼핑
도보 5분

저녁 식사
추천 동베이런자

맥스웰 푸드 센터의 치킨 라이스

01 불아사
Buddha Tooth Relic Temple

부처 사리를 모신 불교 사찰

2007년에 창건한 불교 사원으로 4층으로 이루어졌으며 1층부터 3층까지는 불교 박물관이다. 엄청난 돈을 들여 창건한 것으로 알려져 있다. 사찰 내부에는 신발을 벗고 들어가야 하며 민소매 복장인 경우 가운을 둘러야 한다. 또 짧은 치마나 짧은 바지 등 노출이 심한 옷을 입은 여성은 입장하지 못한다.

부처가 석가모니가 되기 전 고타마 싯다르타였던 시절과 어떻게 죽음을 맞이했는지 등에 관한 내용이 전시되어 있다. 사리를 모신 4층은 사진 촬영이 불가하다.

가는 방법 MRT 맥스웰Maxwell역에서 도보 1분
주소 288 South Bridge Rd **문의** 65 6220 0220 **운영** 07:00~17:00
홈페이지 www.buddhatoothrelictemple.org.sg

> 1층에서 전용 리프트를 타고 3층으로 올라간 뒤 계단을 따라 4층 꼭대기로 올라가면 루프톱 정원이 나와요. 차분하게 명상하는 공간과 정자 등이 있으니 꼭 올라가보세요.

02 스리 마리암만 사원
Sri Mariamman Temple

차이나타운에 있는 힌두교 사원

차이나타운이 형성되기 전 남인도 출신 이민자들이 먼저 이 지역에 정착해 1827년에 지은 사원으로 현재까지 남아 있다. 싱가포르에서 가장 오래된 힌두교 사원이자 국가 지정 기념물이다. 내부는 사원을 개방하는 시간에만 입장 가능하며 신발을 벗고 들어가야 한다. 사원 정면에 자리한 6단으로 된 고푸람(힌두교 사원 입구 위에 있는 탑 모양 구조물)은 정교한 조형물과 장식으로 꾸며져 있다. 사원에 모신 마리암만 여신은 4개의 팔을 가졌으며 질병을 치료하는 능력을 지녔다고 한다. 암만은 어머니라는 뜻이다. 매년 10~11월 사이에는 불위를 걷는 의식인 티미티Theemithi가 거행된다.

가는 방법 MRT 차이나타운Chinatown역에서 도보 5분
주소 244 South Bridge Rd **문의** 65 6223 4064
운영 06:00~12:00, 18:00~21:00 **홈페이지** smt.org.sg

> **TIP**
> 종교 시설인 만큼 관람할 때 에티켓이 필요하다. 입장 시 신발을 벗고 들어가고, 노출이 심한 복장은 삼간다.

⑩ 싱가포르 시티 갤러리
Singapore City Gallery

무료로 관람하는 갤러리

1999년에 개장한 갤러리로 도시국가인 싱가포르를 어떻게 계획하고 건설했는지 한눈에 알 수 있도록 다양한 자료를 일목요연하게 전시하고 있다. 지속적으로 늘어나는 인구수에 대비한 도시계획, 환경 등을 세밀하고 디테일한 도면과 모형으로 이해하기 쉽게 소개한다. 2층에 있는 4m×1m 크기의 대형 그림은 엄청난 기억력을 바탕으로 그림을 그리는 스티븐 윌트셔의 작품으로, 싱가포르 건국 50주년을 맞이해 헬리콥터를 타고 싱가포르의 스카이라인을 감상한 후 5일 동안 기억에 의존해 그린 캔버스 작품이다.

⑨

가는 방법 MRT 맥스웰Maxwell역에서 도보 3분
주소 45 Maxwell Rd The URA Centre **문의** 65 6221 6666
운영 09:00~17:00 **휴무** 일요일 **요금** 무료 **홈페이지** ura.gov.sg

눈과 입이 즐거운 차이나타운 대표 거리

차이나타운은 크고 작은 거리를 구경하는 재미가 있는 곳이다. 중심 거리를 둘러보고 불아사와 스리 마리암만 사원을 구경한 후 차이나타운의 인기 디저트를 맛보면서 산책을 즐기자.

① 파고다 스트리트 *Pagoda Street*

차이나타운 헤리티지 센터와 기념품점, 레스토랑이 들어선 거리. 길 끝까지 가면 스리 마리암만 사원과 이어진다.

② 템플 스트리트 *Temple Street*

기념품과 디저트 등을 판매하는 상점과 중저가 호텔이 자리한다. 중국 이민자들의 고달팠던 삶을 묘사한 벽화도 볼 수 있다.

③ 스미스 스트리트 *Smith Street*

차이나타운 내 맛집 거리로 지붕이 있어 해를 가려주고 비가 내려도 편하게 다닐 수 있다. 오후 무렵에는 관광객 대상의 노점들이 문을 연다.

차이나타운 맛집

맥스웰 푸드 센터
Maxwell Food Centre

위치 싱가포르 시티 갤러리 근처
유형 인기 호커 센터
주메뉴 로컬 메뉴

😊➔ 역사와 전통을 자랑하는
　　싱가포르 대표 호커 센터
😣➔ 카드 결제 불가

늦은 밤까지 운영하는 호커 센터로 현지인들의 절대적인 사랑을 받는 곳이다. 다양한 로컬 음식을 한곳에서 맛볼 수 있다는 장점이 있다. 특히 하이난식 치킨 라이스가 인기 있으며 유명한 틴틴을 비롯해 치킨 라이스집이 몇 곳 있다. 칠리 크랩은 저녁 시간에만 주문 가능하다. 호커 센터 식당 중에는 미슐랭 스타를 받은 곳도 있다. 호키엔 미, 치킨 라이스, 완탕면 등 저렴하면서도 맛있는 요리가 인기 있다. 항상 사람들로 붐비니 우선 자리부터 잡고 음식을 주문한다.

📍
가는 방법 MRT 맥스웰Maxwell역에서 도보 1분
주소 1 Kadayanallur St
문의 65 6225 5632 **운영** 08:00~02:00
예산 치킨 라이스 S$6~, 코코넛 S$3~
※봉사료+세금 포함
홈페이지 nea.gov.sg

CHECK

인기 코너
• 티안 티안 하이난 치킨 라이스 10~11번
• 젠 젠 포리지 54번
• 마리나 사우스 딜리셔스 푸드 35번

068

차이나타운 콤플렉스 푸드 센터
Chinatown Complex Food Centre

위치	불아사 근처
유형	호커 센터
주메뉴	로컬 메뉴, 디저트

☺ → 차이나타운 중심가에 있는 푸드 코트
☹ → 낮에는 실내가 무척 더움

차이나타운 중심가에 자리한 차이나타운 콤플렉스 건물 내 호커 센터. 크고 작은 레스토랑이 모여 있어 한곳에서 다양한 메뉴를 골라 먹는 재미가 있다. 다른 호커 센터보다 조금 더 더운 편이라 낮 시간보다는 저녁 시간에 현지 손님이 많이 찾는다. 싱가포르에서 가장 저렴하게 맛볼 수 있는 미슐랭 치킨 라이스 맛집 호커 찬 Hawker Chan(10:30~15:30)도 있다. 달콤 짭조름한 양념이 중독적인 간장 치킨 라이스가 인기 있다.

📍
가는 방법 MRT 맥스웰Maxwell역에서 도보 5분
주소 335 Smith St **운영** 08:00~21:00(호커에 따라 다름)
예산 간장 치킨 라이스 S$3.50~ ※봉사료+세금 포함

동베이런자
Dong Bei Ren Jia

위치	스리 마리암만 사원 근처
유형	중식 레스토랑
주메뉴	궈바오러우, 볶음밥

☺ → 합리적인 가격
☹ → 물티슈 사용은 유료

차이나타운에서 인기 있는 중식당으로 셀 수 없이 다양한 중국 동북 지역 요리를 선보인다. 한국인 여행자에게는 궈바오러우, 볶음밥, 볶음면, 마파두부, 연유를 곁들인 튀긴 꽃빵, 만두 등 우리 입맛에도 잘 맞는 메뉴가 인기 있다. 싱가포르 물가 대비 저렴한 가격도 인기에 한몫한다. 맥주 안주로 적당한 요리도 많다.

📍
가는 방법 MRT 차이나타운Chinatown역에서 도보 3분
주소 22 Upper Cross St **문의** 65 6224 5258
운영 11:00~23:00 **예산** 마파두부 S$8,
궈바오러우 S$14 ※GST 9% 추가
홈페이지 dbrj.iod.sg

포테이토 헤드 싱가포르
Potato Head Singapore

위치	불아사 근처
유형	글로벌 레스토랑
주메뉴	햄버거, 맥주

☺→ 핫 플레이스로 인테리어가 독특
☹→ 비싼 음식값

차이나타운 인근 케옹색 로드에 자리한 레스토랑으로, 본점은 발리의 인기 있는 비치 클럽이다. 웨스턴 메뉴가 대부분인데 수제 버거가 특히 인기 있다. 호주식 패티는 두툼하면서도 고기 질이 좋아 마치 스테이크를 먹는 기분이 들 정도이며, 맛도 좋고 분위기도 좋은 곳으로 통한다. 저녁에는 분주하고 점심시간 전후에 가면 조금 더 느긋하게 식사할 수 있다. 저녁에는 신나는 음악을 들으면서 맥주나 칵테일을 마시고 주변 풍경을 감상하며 식사하기 좋은 루프톱 바를 추천한다. 질 좋은 재료를 사용해 음식 맛이 좋고 늦은 시간까지 영업해 편리하게 이용할 수 있다.

가는 방법 MRT 맥스웰Maxwell역에서 도보 4분 **주소** 36 Keong Saik Rd **문의** 65 6327 1939 **운영** 11:00~24:00 **예산** 햄버거 S$26.50~, 런치 세트 S$25~ ※봉사료+세금 19% 추가 **홈페이지** singapore.potatohead.co

난양 올드 커피
Nanyang Old Coffee

위치	불아사 근처
유형	로컬 카페
주메뉴	커피, 토스트

☺→ 싱가포르식 전통 커피 경험
☹→ 저녁에는 영업하지 않음

현지 인기 커피숍으로 주메뉴는 커피와 카야 토스트다. 메뉴를 주문하는 즉시 조리해서 낸다. 바싹하면서도 맛 좋은 카야 버터 토스트가 인기. 나시 르막, 창펀, 바쿠테 등 간단한 식사 메뉴도 있다. 커피는 설탕이 들어간 코피 오Kopi O, 연유가 들어간 코피 시Kopi C, 설탕이나 연유가 들어가지 않은 블랙 코피 오 코송Kopi O Kosong 등을 주문할 수 있다. 전통 문양의 커피 잔과 받침도 판매한다. 좌석은 실내 안쪽과 야외에 마련되어 있다.

가는 방법 MRT 맥스웰Maxwell역에서 도보 3분
주소 268 South Bridge Rd **문의** 65 6221 6973 **운영** 07:00~18:30
휴무 공휴일 **예산** 커피 S$2.10~, 토스트 S$2.60~ ※봉사료+세금 포함
홈페이지 nanyangoldcoffee.com

야쿤 카야 토스트
Ya Kun Kaya Toast

위치	불아사 근처
유형	인기 맛집
주메뉴	토스트, 커피

😊 → 위치가 좋은 인기 매장
😞 → 음식 기다리는 시간이 꽤 긴 편

차이나타운 인근에 있는 야쿤 카야 토스트 매장으로 비교적 깔끔하다. 매장 앞에 있는 불아사를 관람하기 전후에 방문하기 좋다. 여행자는 물론 현지인도 즐겨 찾는 곳으로 가장 대중적인 메뉴를 주문할 것을 추천한다. 인기 메뉴는 카야 토스트 위드 버터, 카야 피넛 토스트 등이며 커피나 티가 포함된 세트 메뉴도 많다. 선물용으로 좋은 카야 잼을 판매하는데 가격도 적당해 여행자들이 많이 찾는다. 건물 외벽에 거대한 벽화가 있어 인기 포토 존으로도 유명하다.

가는 방법 MRT 맥스웰Maxwell역에서 도보 2분
주소 297 South Bridge Rd **문의** 65 6610 0952
운영 07:30~20:30 **예산** 카야 토스트 단품 S$3~, 세트 S$6.3~
※GST 9% 추가 **홈페이지** yakun.com

메이 홍 위안 디저트
Mei Heong Yuen Dessert

위치	불아사 근처
유형	인기 맛집
주메뉴	망고 빙수, 디저트

😊 → 무더운 날씨에 최고의 디저트
😞 → 카드 결제 불가

차이나타운에서 인기 있는 디저트 가게로 오랜 시간 한자리를 지켜오고 있다. 시설이 깔끔하며, 가격이 저렴한 점이 가장 큰 인기 요인이다. 20가지가 넘는 다양한 종류의 과일 빙수를 주력으로 한다. 그중 여행자들에게 가장 인기 있는 메뉴는 101번 망고 빙수와 103번 두리안 빙수다. 115번 첸돌 아이스는 현지인들이 즐겨 먹는다. 빙수의 양도 푸짐하다.

가는 방법 MRT 차이나타운Chinatown역에서 도보 1분
주소 63-67 Temple St **문의** 65 6221 1156
운영 11:00~21:20
예산 망고 빙수 S$8~ ※봉사료+세금 포함
홈페이지 meiheongyuendessert.com.sg

차이나타운 쇼핑

차이나타운 포인트
Chinatown Point

위치	MRT 차이나타운역 근처
유형	쇼핑몰
특징	중국계 소매점이 많음

MRT 차이나타운역과 가까워 접근성이 뛰어난 쇼핑몰로 중국계 소매점과 특산품 상점이 많은 것이 특징이다. 중저가 브랜드의 중국풍 의류, 소품을 취급하는 매장과 식료품부터 다양한 식재료 등을 판매하는 페어프라이스 FairPrice 슈퍼마켓도 있다. 로컬 상점과 아시아를 대표하는 레스토랑, 한국 식당도 꽤 있다. 여행자와 현지인 모두에게 인기 있는 식당, 카페, 베이커 리, 서점 등이 들어서 있다.

가는 방법 MRT 차이나타운Chinatown역에서 도보 1분
주소 133 New Bridge Rd **문의** 65 6702 0114 **운영** 10:00~22:00
홈페이지 chinatownpoint.com.sg

CHECK

인기 레스토랑 & 카페

1F 레스토랑	• 송파 바쿠테Song Fa Bak Kut Teh • 란저우 우육면Lanzhou Beef Noodles	**2F 레스토랑**	• 딘타이펑Din Tai Fung • 사이제리야Saizeriya
1F 카페	• 파리바게트Paris Baguette • 스타벅스Starbucks	**2F 카페**	• 호시노 커피Hoshino Coffee • 메이 훙 위안 디저트Mei Heong Yuen Dessert

펙신춘
Pek Sin Choon Pte Ltd

위치	스리 마리암만 사원 근처
유형	차 전문점
특징	중국차를 판매하는 노포

100년 가까이 된 노포로 중국차를 취급하는 차 전문점이다. 중국계 여행자들이 차이나타운을 방문하면 꼭 찾는 곳이다. 차는 잎차가 대부분이며 녹차, 우롱차, 재스민차 등이 있다. 시음도 가능하고 차와 관련된 상품을 판매하기도 한다. 차는 레트로한 패키지의 틴 케이스와 작은 종이에 포장된 제품으로 구입 가능하며, 차에 관심 있는 여행자라면 방문해볼 만하다.

가는 방법 MRT 차이나타운Chinatown역에서 도보 4분 **주소** 36 Mosque St
문의 65 6323 3238 **운영** 08:30~18:30 **휴무** 일요일 **홈페이지** peksinchoon.com

통 헹
Tong Heng

위치	불아사 근처
유형	디저트 전문점
특징	에그 타르트로 유명

각종 디저트를 저렴한 가격에 판매하는 곳으로 인기 메뉴는 단연 에그 타르트. 파이와 각종 과자류도 있고 카야 잼과 차를 유리병에 담아 판매하기도 한다. 실내가 협소해 주로 선물용과 포장용 판매가 많았는데 최근 리노베이션해 젊은 감각의 화사한 인테리어로 다시 태어났다. 카드 결제가 불가하니 현금을 준비해 가야 한다.

가는 방법 MRT 차이나타운Chinatown역에서 도보 2분 **주소** 285 South Bridge Rd
문의 65 6223 0398 **운영** 09:00~19:00 **홈페이지** tongheng.com.sg

유화 차이니스 프로덕트
Yue Hwa Chinese Products

위치	MRT 차이나타운역 근처
유형	쇼핑몰
특징	가격대가 높은 중국 제품 판매

중국 제품을 판매하는 백화점으로 대부분의 손님이 중국계 여행자이며 중국어로 소통한다. 6층 건물에 가구, 식료품, 화장품, 약품, 각종 인테리어 소품, 의류 등의 매장과 레스토랑이 들어서 있다. 여행자들에게 인기 있는 페라나칸 스타일의 소품, 컵, 도자기 등도 판매하며 난양 올드 커피도 입점해 있다. 다만 가격이 생각보다 비싼 편이라 시원한 실내에서 잠시 구경하기 좋은 정도다.

가는 방법 MRT 차이나타운Chinatown역에서 도보 1분 **주소** 70 Eu Tong Sen St
문의 65 6538 9233 **운영** 11:00~21:00 **홈페이지** www.yuehwa.com.sg

림치관
Lim Chee Guan

위치	MRT 차이나타운역 근처
유형	육포 전문점
특징	현지인이 더 좋아하는 육포

비첸향과 더불어 차이나타운에 위치한 유명한 육포 전문점으로 1938년부터 육포를 만들어왔다. 관광객보다는 현지인에게 더 인기가 높다. 다양한 맛과 종류의 수제 육포를 취급하며, 비첸향에 비해 육향과 맛이 더 강하다는 평이다. 특히 명절에는 긴 줄을 서서 구매해야 할 정도로 인기가 많다. 매장 규모는 작지만 접근성이 좋고 시식도 가능하다. 매장에 표시된 기본 판매 용량은 300g으로 조금 많은 편이지만 별도 요청 시 100g 단위로도 판매한다.

가는 방법 MRT 차이나타운Chinatown역 도보 2분 **주소** 203 New Bridge Rd
문의 65 6933 7230 **운영** 09:00~22:00 **홈페이지** www.limcheeguan.sg

비첸향
Bee Cheng Hiang

위치	MRT 차이나타운역 근처
유형	육포 전문점
특징	인기 있는 육포 브랜드 제품

뉴 브리지 대로변에 새롭게 문을 연 매장으로 다른 매장보다 훨씬 깔끔하고 위생적이다. 소고기와 돼지고기로 만든 육포를 판매하며 한국에도 매장을 운영할 정도로 우리나라 사람들에게 인기가 높다. 육포는 종류별로 가격이 조금씩 다르고 100g 단위로 포장, 판매한다. 무료 시식도 가능해 맛을 보고 구입할 수 있다. 육포는 귀국 시 기내 반입 불가 제품이라 현지에서만 사 먹어야 한다.

가는 방법 MRT 차이나타운Chinatown역에서 도보 2분 **주소** 189 New Bridge Rd
문의 65 6223 7059 **운영** 09:00~22:00 **홈페이지** www.beechenghiang.com.sg

싱가포르 기프트 게이트
Singapore Gift Gate

위치	템플 스트리트
유형	기념품점
특징	정찰제

다양한 싱가포르 기념품을 정찰제로 판매한다. 싱가포르에서 자주 눈에 띄는 머라이언 인형, 키 홀더, 마그넷, 텀블러 등 종류가 다양하다. 가격은 S$1부터이며 제품의 퀄리티가 좋은 편이다. 길거리 기념품점에서 찾기 어려운 파스텔 톤 상품이 인기다. 직원들이 친절하고 카드 결제도 가능하다.

가는 방법 MRT 차이나타운Chinatown역에서 도보 2분 **주소** #01-01, 15 Trengganu St
문의 65 8282 5288 **운영** 10:00~22:00

ORCHARD ROAD

오차드로드

오차드로드는 싱가포르 최대 번화가이자 쇼핑의 메카로 통한다. 아이온 오차드, 위스마 아트리아, 탕 플라자, 파라곤 등 블링블링한 초현대식 건물과 높다란 나무 사이로 이어지는 3km 남짓한 거리에 각각의 개성과 매력을 지닌 쇼핑몰들이 들어서 있다. 거대 쇼핑몰과 다양한 브랜드 매장이 모여 있어 쇼핑 자체가 곧 즐길 거리이자 관광 요소다. 쇼핑몰 내에는 푸드 코트와 각종 프랜차이즈 레스토랑, 갤러리, 카페 등이 경쟁적으로 입점해 인기를 더한다. 싱가포르에서 가장 힙한 거리의 넘쳐나는 인파 속에서 색다른 쇼핑몰 라이프를 만끽해보자. 자신의 쇼핑 스타일과 취향에 맞는 쇼핑몰 두세 곳을 선택해 집중적으로 돌아보는 것이 현명하다.

TWG

아이온 오차드

바샤 커피

백화점

미식

푸드 코트

쇼핑센터

쇼핑 메카

SALE

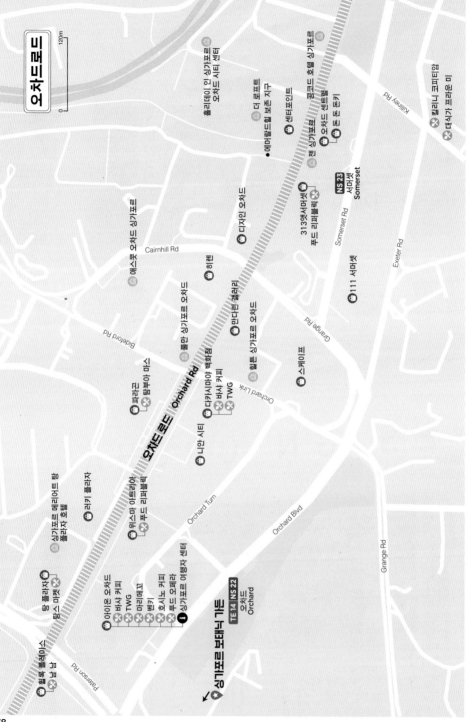

오차드로드

0 120m

홀리데이 인 싱가포르 오차드 시티 센터

더 로프트

센터포인트

콩코드 호텔 싱가포르

젠 싱가포르

오차드 센트럴

돈 돈 돈키

NS 23 서머셋
Somerset

에메랄드힐드힐 보존 지구

Killiney Rd

킬리니 코피티암

대식가 프라운 미

Somerset Rd

디자인 오차드

313앳서머셋

푸드 리퍼블릭

111 서머셋

Cairnhill Rd

에스콧 오차드 싱가포르

허렌

Biderford Rd

맨다린 갤러리

Exeter Rd

로빈슨 싱가포르 오차드

힐튼 싱가포르 오차드

스케이프

Orchard Rd
오차드 로드

파라곤

탕부아 미스

디카시미아야 백화점

바샤 커피

TWG

Grange Rd

Orchard Link

나인 시티

위스마 아트리아

푸드 리퍼블릭

라키 플라자

Paterson Rd

싱가포르 메리어트 탕
플라자 호텔

탕 플라자

림스 마켓

힐튼 홀리데이 이스
탕 부 탕

Orchard Turn

아이온 오차드
바샤 커피
TWG
마메메코
벵가
훙시노 커피
푸드 오페라

싱가포르 여행자 센터

Orchard Blvd

Grange Rd

TE 14 NS 22
오차드
Orchard

★ 싱가포르 보태닉 가든

078

싱가포르 No.1 쇼핑 천국!
오차드로드에서 즐기는 쇼핑 라이프

오차드로드에 자리한 인기 쇼핑몰은
싱가포르에서 요즘 유행하는 모든
브랜드와 트렌드, 미식을 한자리에서
즐길 수 있는 곳이다. 냉방 시설을 갖춰
무더운 날씨에도 쾌적하게 쇼핑과
식도락을 즐길 수 있다.

🎤 주요 이용 역
- MRT 오차드역
- MRT 서머셋역

➥ **소요 시간** 8시간~

➥ **예상 경비** 교통비 S\$10 + 식비 S\$70 +
쇼핑 S\$150 = Total S\$230

➥ **기억할 것** 오차드로드의 주요 쇼핑몰은
모두 비슷한 브랜드와 매장이 입점해 있다.
모든 곳을 방문하기보다는 본인 취향에 맞는
한두 곳을 골라 가는 것이 좋다.

FOLLOW

이런 사람 팔로우!
➥ 로컬 브랜드부터 명품까지
  쇼핑 마니아라면
➥ 미슐랭 스타 요리를 좋아한다면
➥ 복합 쇼핑몰을 좋아하는 몰 러버라면

Let's Go!

**아이온 오차드에서
아침 식사**
추천 바샤 커피 또는
TWG

도보 1분

아이온 오차드 구경

도보 8분

**니안 시티 &
슈퍼마켓 구경**

도보 3분

바샤 커피

대식가 빅 프라운 미

**파라곤에서 쇼핑
& 점심 식사**
추천 미슐랭 레스토랑

도보 4분

**디자인 오차드 &
기념품 구경**

도보 6분

쇼핑에 관심이 없거나
초록초록한 공원 산책을 즐기는
여행자라면 '싱가포르 보태닉
가든'을 방문해보세요. 날씨가
더워지기 전인 오전에 다녀오는
것이 좋아요. ▶ P.088

**오차드 센트럴 &
돈 돈 돈키 구경**

저녁 식사
추천 대식가 빅 프라운 미

도보 5분

① 아이온 오차드
ION Orchard

오차드로드의 대표 랜드마크

싱가포르 제일의 복합 쇼핑몰로 2008년에 개장했다. 지상 4층, 지하 4층으로 이루어졌으며 화려하면서도 독특한 외관이 눈길을 끈다. 중저가 브랜드부터 럭셔리 명품까지 400개가 넘는 매장이 입점해 있어 취향에 맞게 쇼핑할 수 있다. 최근 1층에 바샤 커피가 문을 열었다.

아이온 오차드의 또 다른 볼거리는 55~56층 218m 상공에 자리한 아이온 스카이ION Sky다. 싱가포르 시내를 파노라마 뷰로 감상할 수 있는 전망대로 무료입장이며, 쇼핑 금액이 1인당 S$50 이상이면 아이온 오차드 스카이라운지인 아티코 라운지Atico Lounge에서 웰컴 드링크 한 잔을 무료로 제공한다. 4층 컨시어지에서 구매 영수증을 보여주면 아티코 라운지 입장권을 제공한다.

가는 방법 MRT 오차드Orchard역에서 바로 연결
주소 2 Orchard Turn
문의 65 6238 8228
운영 10:00~22:00
(아이온 스카이 12:00~16:00)
홈페이지 ionorchard.com

CHECK

놓치면 안되는 매장
- **바샤 커피 Bacha Coffee**
  국내에서도 인기가 많은 바샤 커피를 마실 수 있는 카페
  위치 1층 **운영** 09:30~22:00

- **마리메꼬 Marimekko**
  마리메꼬 제품 구매는 물론 각종 디저트와 식사도 가능하다.
  위치 지하 1층 **운영** 10:00~22:00

- **벤키 Venchi**
  이탈리아의 다양한 초콜릿과 젤라토를 판매하는 숍
  위치 지하 1층 **운영** 10:00~22:00

- **호시노 커피 Hoshino Coffee**
  드립 커피와 수플레 팬케이크가 유명한 일본 인기 카페의
  싱가포르 지점
  위치 지하 3층 **운영** 11:00~22:00

(02) 파라곤
Paragon

아이온 오차드와 어깨를 나란히 하는 쇼핑몰

오차드로드를 대표하는 명품 쇼핑몰 중 하나. 화려한 디스플레이로 입구부터 고급스러운 분위기가 풍긴다. 6층 건물 1층에는 럭셔리 브랜드 매장이 줄지어 있고, 2~3층은 중저가 브랜드, 4층은 무인양품, 뉴발란스 등의 매장이 들어서 있다. 지하에는 딘타이펑, 크리스탈 제이드 등 미슐랭 스타 레스토랑과 비첸향, 야쿤 카야 토스트 등 인기 프랜차이즈 매장, 그리고 골드 프레시 슈퍼마켓, 드러그스토어 등이 자리해 있다. 한자리에서 싱가포르의 인기 메뉴를 다양하게 맛볼 수 있다는 장점이 있다.

가는 방법 MRT 오차드Orchard역에서 도보 5분 **주소** 290 Orchard Rd
문의 65 6738 5535 **운영** 10:00~22:00 **홈페이지** paragon.com.sg

(03)
위스마 아트리아
Wisma Atria

젊은 감각의 쇼핑몰

오차드로드의 인기 복합 쇼핑몰로 리뉴얼을 마친 후 전과 다른 화사하고 깔끔한 분위기로 인기몰이 중이다. 복합 쇼핑몰답게 다양한 글로벌 패션 브랜드와 뷰티 브랜드는 물론 푸드 리퍼블릭, 딘타이펑, 스시로, 티옹 바루 베이커리 등 현지인에게 인기 있는 레스토랑과 카페 등이 대거 입점해 있다. 전반적으로 쾌적한 분위기로 젊은 층이 선호한다.

가는 방법 MRT 오차드Orchard역에서 도보 3분 **주소** 435 Orchard Rd
문의 65 6235 2103 **운영** 10:00~22:00 **홈페이지** wismaonline.com

⑭ 니안 시티
Ngee Ann City

한때 동남아시아 최대 규모의 쇼핑몰

니안 시티는 1993년에 개장했으며 당시 동남아시아에
서 가장 큰 규모를 자랑했으나 2008년 아이온 오차드
가 문을 열면서 그 자리를 내주었다. 그럼에도 예전만큼
의 인기는 아니지만 현지인에게 꾸준히 사랑받고 있다.
지상 7층 건물에 폭넓은 가격대의 다양한 브랜드 매장이
들어서 있으며 일본계 백화점 다카시마야도 있다. 기노
쿠니야Kinokuniya 서점과 슈퍼마켓, 인기 있는 일본 레스
토랑이 다수 입점해 쇼핑과 식사를 동시에 즐길 수 있다.
지하에는 일본 레스토랑과 함께 고급 티 브랜드 TWG,
바샤 커피 매장도 있다.

가는 방법 MRT 오차드Orchard역에서 도보 4분
주소 391 Orchard Rd
문의 65 6506 0460
운영 10:00~21:30
홈페이지 ngeeanncity.com.sg

⑮ 오차드 센트럴
Orchard Central

오차드로드의 최신 쇼핑몰

다양한 레스토랑과 상점, 뷰티·웰빙·편의 시설을 충실하게 갖추고
있다. 일본의 돈키호테에서 시작된 잡화 매장 돈 돈 돈키는 24시간
운영하며 유니클로 글로벌 플래그십 매장과 핸즈Hands 등 일본 브랜
드 매장이 여행자들에게 인기 있다. 인스타그램 사진 명소로 유명한
도서관 라이브러리앳오차드library@orchard도 있다. 다양한 브랜드가
입점해 있으며 지하 통로로 313앳서머셋 쇼핑몰, MRT 서머셋역과
연결되어 쇼핑과 교통이 모두 편리하다.

가는 방법 MRT 서머셋Somerset역에서 도보 2분 **주소** 181 Orchard Rd
운영 11:00~22:00 **홈페이지** fareastmalls.com.sg

⑥ 313앳서머셋

313@somerset

젊은 감각의 쇼핑몰

영 캐주얼 브랜드와 중저가 스파 브랜드가 주를 이루는 쇼핑몰이라 고객도 젊은 층이 주를 이룬다. 가격은 국내와 비슷하지만 아이템이나 디자인이 조금 더 다양하다. 지하에는 카페테리아, 레스토랑 등이 있고 MRT 서머셋역과 바로 연결되어 접근성이 뛰어나다. 쇼핑하다가 가볍게 맥주 한잔 할 수 있는 펍과 피자 가게 등이 야외 공간에 자리해 있다. 여행자들이 이용하기 편리하도록 환전소와 ATM도 갖추고 있다.

📍 **가는 방법** MRT 서머셋Somerset역에서 도보 1분 **주소** 313 Orchard Rd
문의 65 6496 9313 **운영** 10:00~22:00 **홈페이지** 313somerset.com.sg

⑦

디자인 오차드

Design Orchard

신진 디자이너 제품이 한자리에

싱가포르 신진 디자이너들의 의류, 가방, 신발, 액세서리, 문구, 캔들, 디퓨저 등 톡톡 튀는 아이디어로 무장한 60여 개의 싱가포르 로컬 브랜드와 해외 디자이너 브랜드의 아이템을 갖춘 편집숍이다. 구멍이 송송 난 건물 디자인도 이곳만의 특징이다. 특히 싱가포르를 테마로 한 기념품이 많아 소장용이나 선물용으로 구입하기에 그만이다. 루프톱에는 카페가 자리해 있다.

📍 **가는 방법** MRT 서머셋Somerset역에서 도보 6분 **주소** 250 Orchard Rd
문의 65 9379 4725 **운영** 10:30~21:30 **홈페이지** designorchard.sg

오차드로드 맛집

오차드로드에서 식도락은 쇼핑몰 내에서 즐기는 게 효율적이에요. 맛이 보장된 프랜차이즈 식당이나 푸드 코트를 이용해보세요. 인기 로컬 식당은 오차드로드 중심가에서 벗어나 있어요.

대식가 빅 프라운 미
Da Shi Jia Big Prawn Mee

위치	MRT 서머셋역 근처
유형	인기 맛집
주메뉴	새우 국수

😊 → 현지인이 즐겨 먹는 새우 국수
😑 → 실내가 조금 더운 편

〈미슐랭 가이드〉의 빕 구르망에 선정된 바 있는 유명한 새우 국수 전문점으로 한국인 여행자 사이에서도 잘 알려진 곳이다. 싱싱한 새우와 특제 육수로 만든 새우 국수는 진한 국물 맛이 일품이다. 새우를 껍질째 넣고 우린 맑은 국물에서 풍부한 새우 맛이 우러나는 것이 특징이며 새우 크기, 면 굵기와 오징어·돼지고기·달걀·숙주 등 토핑을 원하는 대로 선택할 수 있다. 바삭한 새우 롤도 인기. 편안하고 캐주얼한 분위기라 부담 없이 가기 좋다.

📍 **가는 방법** MRT 서머셋Somerset역에서 도보 4분
주소 89 Killiney Rd **문의** 65 8908 6949
운영 11:00~22:00 **예산** 시그너처 새우 국수 S$19.40~,
새우 롤 S$8.60~ ※GST 9% 별도
홈페이지 dashijiabigprawnmee.oddle.me

킬리니 코피티암
Killiney Kopitiam

위치	MRT 서머셋역 근처
유형	인기 맛집
주메뉴	토스트

😊 → 현지인이 즐기는 토스트
😑 → 실내가 조금 더운 편

체인 형태로 깔끔한 분위기의 매장이 싱가포르 곳곳에 있는데 현지인은 유독 이곳 본점을 좋아한다. 토스트에 커피, 반숙 달걀을 곁들여내는 토스트 세트와 치킨 커리, 나시 르막, 락사 같은 간단히 먹기 좋은 식사 메뉴도 있다. 최근에는 인스턴트커피와 카야 잼 등 자체 제작 상품도 판매한다.

📍 **가는 방법** MRT 서머셋Somerset역에서 도보 4분 **주소** 67 Killiney Rd
문의 65 6734 3910 **운영** 06:00~18:00 **예산** 토스트 S$3~,
아이스커피 S$2.70~ ※GST 9% 별도 **홈페이지** killiney-kopitiam.com

탐부아 마스
Tambuah Mas

위치	파라곤 지하 1층
유형	인기 맛집
주메뉴	나시 짬뿌르

☺ → 인도네시아 요리가 메인
☹ → 전체적으로 강한 단맛

인도네시아 스타일의 백반인 나시 짬뿌르 식당. 아얌, 사테, 비프 렌당, 나시 고렝, 가도가도 등 다양한 인도네시아 요리를 내며 매일 바뀌는 반찬 종류도 많아 골라 먹는 재미가 있다. 싱가포르에서 오랫동안 인도네시아 맛을 고수해온 곳이라 현지 맛을 그리워하는 사람들에게 인기가 많다. 테이크아웃도 가능하다.

가는 방법 MRT 오차드Orchard역에서 도보 8분
주소 290 Orchard Rd, #B1-44 Paragon
문의 65 6733 2220 **운영** 11:00~22:00
예산 식사 메뉴 S$10~, 디저트 S$6~
※봉사료+세금 포함 **홈페이지** tambuahmas.com.sg

남 남
Nam Nam

위치	휠록 플레이스 지하 2층
유형	인기 맛집
주메뉴	쌀국수, 반미

☺ → 합리적인 가격의 베트남 요리
☹ → 피크 시간에는 손님이 몰림

베트남 쌀국수인 포와 분짜, 반미, 고이 꾸온 등을 내는 베트남 요리 전문점. 오차드로드의 휠록 플레이스뿐 아니라 다카시마야 백화점, 창이 국제공항, 래플스 시티 쇼핑센터에도 매장이 있는 프랜차이즈 식당이다. 쌀국수는 사이즈 선택이 가능하며 평일 런치 세트 메뉴는 샐러드, 쌀국수, 베트남 커피 또는 음료로 알차게 구성되어 있다.

가는 방법 MRT 오차드Orchard역에서 도보 10분
주소 501 Orchard Rd #B2-02 Wheelock Place
문의 65 6735 1488 **운영** 10:00~22:00
예산 베트남 쌀국수 S$9.90~ ※봉사료+세금 19% 별도
홈페이지 namnam.net

바샤 커피
Bacha Coffee

위치 아이온 오차드 1층
유형 인기 카페
주메뉴 커피, 크루아상

☺ → 다양한 커피 메뉴
☹ → 손님이 많아 긴 대기 줄

📍 **가는 방법** MRT 오차드Orchard
역에서 도보 3분 **주소** 2 Orchard
Turn #01-15/16 ION Orchard
문의 65 6363 1910
운영 09:30~23:00
예산 바샤 커피 S$11~,
크루아상 S$3.50~
※봉사료+세금 19% 별도
홈페이지
bachacoffee.com

싱가포르에서 매우 인기 있는 고급 커피 브랜드로, 특히 100% 아라비카 커피를 취급한다. 바샤 커피는 1910년 모로코 마라케시에 설립했으며 현재 전 세계로 확장하고 있다. 아이온 오차드점은 커피 관련 제품을 판매하고 매장에서 커피를 마실 수도 있다. 인테리어는 아름다운 타일, 황금빛 장식, 아라베스크 문양의 전통적인 모로코 디자인을 모티브로 화려하고 고급스럽게 꾸몄다. 모든 커피는 금도금한 특유의 커피포트에 제공해 특별한 호사를 누리는 기분이 든다. 커피 외에도 크루아상, 디저트와 다양한 티 메뉴가 있으며 커피 잔, 캔 등 굿즈 제품을 판매해 기념품으로 구입하기 좋다.

TWG

위치 아이온 오차드 2층
유형 인기 카페
주메뉴 홍차, 마카롱

☺ → 다양한 홍차 메뉴
☹ → 항상 손님이 많은 편

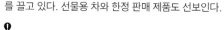

싱가포르를 대표하는 티 브랜드로 2008년 론칭 이후 꾸준하게 인기를 끌고 있다. 800가지 이상의 홍차와 각종 허브, 과일 티 등을 판매한다. 틴 케이스 디자인이 예뻐 소장하려는 브랜드 마니아층이 있을 정도다. 싱가포르 전역에 70여 개 매장이 있는데 이곳 아이온 오차드 매장은 살롱 부티크 매장으로, 한쪽 기둥을 틴 케이스로 장식한 회전식 티 월tea wall로 꾸며 멋진 분위기에서 티타임을 즐길 수 있다. 조식 세트는 물론 브런치, 캐비아 세트, 애프터눈 티 등 하루 종일 다양한 요리와 티를 맛볼 수 있다. 특히 최근에는 고급스러운 디자인의 포장 용기를 선보여 더욱 인기를 끌고 있다. 선물용 차와 한정 판매 제품도 선보인다.

📍 **가는 방법** MRT 오차드Orchard역에서 도보 3분
주소 2 Orchard Turn #02-21 ION Orchard **문의** 65 6735 1837
운영 10:00~21:30 **예산** 조식 세트 S$33~, 티 세트 S$25~ ※봉사료+세금 19% 별도
홈페이지 twgtea.com

FOLLOW UP

골라 먹는 재미와 편리함!
오차드로드의 인기 푸드 코트 BEST 3

오차드로드를 대표하는 쇼핑몰에는 싱가포르 현지인에게 인기 있는 푸드 코트들이 경쟁하듯 자리하고 있다. 비슷비슷한 요리를 내놓지만 콘셉트와 분위기, 음식 가격은 조금씩 차이가 있다. 인기 푸드 코트의 특징을 살펴보고 마음에 드는 곳을 골라보자.

① 푸드 리퍼블릭 Food Republic

싱가포르 하면 떠오르는 푸드 코트 중 하나로 곳곳에 지점이 있다. 오차드로드에는 위스마 아트리아와 313앳서머셋에 지점이 있다. 푸드 코트 안에는 각 국가별 음식점이 있어 그 나라를 대표하는 다양한 요리를 내놓는다. 가격 대비 맛과 서비스가 좋은 편이다.

가는 방법 MRT 오차드Orchard역에서 도보 6분
주소 Wisma Atria, 435 Orchard Rd **문의** 65 6737 9881
운영 10:00~22:00 **예산** 식사 S\$10~20 ※봉사료+세금 포함
홈페이지 foodrepublic.com.sg

② 푸드 오페라 Food Opera

아이온 오차드 지하 4층에 자리한 푸드 코트로 MRT역과 바로 연결되어 최적의 접근성을 자랑한다. 여러 가지 음식을 한자리에서 맛볼 수 있어 주변 직장인들의 점심 식사 장소로 인기가 많다. 점심시간에는 빈자리가 없을 정도로 붐비니 먼저 자리를 잡고 주문할 것. 깔끔한 인테리어, 친절한 직원들 덕분에 기분 좋게 한 끼를 즐길 수 있다.

가는 방법 MRT 오차드Orchard역에서 도보 2분
주소 2 Orchard Turn #B4-03/04 ION Orchard
문의 65 6509 9198 **운영** 10:00~21:00 **예산** 단품 메뉴 S\$10~
※봉사료+세금 19% 별도 **홈페이지** foodrepublic.com.sg

③ 탕스 마켓 Tangs Market

탕 플라자 지하 1층에 자리한 푸드 코트로 다른 푸드 코트에 비해 음식값이 조금 더 저렴하다. 중국계 백화점 내에 입점한 푸드 코트답게 중국풍 요리가 많으며, 특히 현지인이 좋아하는 클랑 바쿠테klang bak kut teh를 맛볼 수 있다.

가는 방법 MRT 오차드Orchard역에서 도보 10분
주소 310 Orchard Rd, Basement 1 Tangs Plaza
문의 65 6370 1155 **운영** 10:30~22:00 **예산** 단품 메뉴 S\$5~15
※봉사료+세금 19% 별도 **홈페이지** tangs.com

도심 속 오아시스
싱가포르 보태닉 가든
Singapore Botanic Gardens

1859년에 문을 열었으며 2015년 아시아 식물원 중에서 최초로 유네스코 세계문화유산 보호지역으로 등재되었다. 싱가포르 보태닉 가든 안에는 테마별 정원과 함께 3개의 호수, 광장, 레스토랑, 카페 등이 있다. 유료로 운영하는 내셔널 오키드 가든을 제외한 나머지 구역은 모두 무료. 주말에는 콘서트와 각종 프로그램이 열리기도 한다.

가는 방법 MRT 보태닉 가든Botanic Gardens역 또는 네이피어Napier역에서 이동
주소 1 Cluny Rd **전화** 65 6471 7138
운영 05:00~24:00 **요금** 무료
홈페이지 www.nparks.gov.sg/sbg

산책 코스 START

MRT 보태닉 가든역
↕ 도보 20분
내셔널 오키드 가든
↕ 도보 2분
할리아 레스토랑 & 카페
↕ 도보 1분
진저 가든
↕ 도보 6분
백조 호수
↕ 도보 13분
방문자 센터 & 가든 숍
↕ 도보 15분
MRT 보태닉 가든역

Tyersall Ave
Holland Rd
Tanglin Gate
Cluny Rd

내셔널 오키드 가든
백조 호수
진저 가든
할리아 레스토랑 & 카페
•시계탑
백조 호수
•싱가포르 보태닉 가든 밴드스탠드

TE 12
네이피어 Napier

TIP

• MRT 네이피어역에서 내릴 시 탱글린Tanglin 입구로 입장한다.
• MRT 보태닉 가든역에서 내릴 시 부킷 티마Bukit Timah 입구로 입장한다.
• 규모가 크기 때문에 단시간에 모두 둘러보는 것은 불가능하다. 방문 전에 가고 싶은 구역을 미리 정하는 것이 좋다.
• 둘러볼 때는 중간중간 쉬어가며 충분한 수분 섭취를 한다.
• 빅 버스 옐로 라인을 이용하면 정류장 11번 보태닉 가든 내 방문자 센터에서 하차해 좀 더 빠르고 편리하게 둘러볼 수 있다.
• 모자와 선크림, 자외선 차단제는 필수 날씨에 따라 우산이나 양산도 꼭 준비한다.

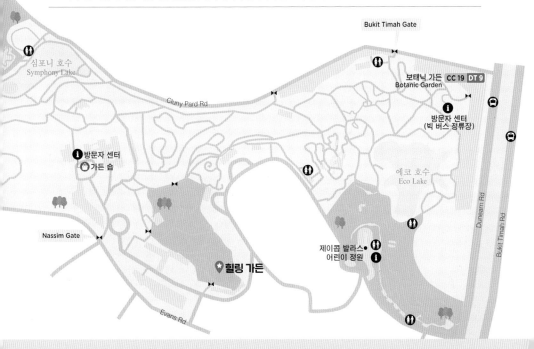

싱가포르 보태닉 가든에서 놓치면 안 될 하이라이트

1 백조 호수 *Swan Lake*

깊이 약 4m로, 암스테르담에서 온 아름다운 벙어리백조mute
swan 한 쌍이 호수 위를 우아하게 미끄러지듯 헤엄치는 모습
에서 백조 호수라는 이름이 유래했다고 한다. 주변으로
고요한 분위기의 산책로가 조성되어 있고 각종
식물과 백조 모형 등 독특한 조형물이 있어
사진 찍기도 좋은 장소다.

📍
운영 05:00~24:00
요금 무료

2 내셔널 오키드 가든 *National Orchid Garden*

6만 종 이상의 식물, 특히 난초가 자생하고 있어 난초 애호가
들에게 특히 인기가 높다. 난초 중에는 싱가포르 국화로 여겨
지는 반다 미스 조아킴Vanda Miss Joaquim 같은 희귀하고 아름
다운 품종도 있다. 내셔널 오키드 가든 안에는 시원한 안개를
뿜어내는 미스트 가든과 이곳을 방문한 국내외 유
명 인사들의 이름을 딴 난을 모아놓은 VIP 오키
드 가든 등이 있다.

📍
운영 08:00~19:00(마지막 입장 18:00)
요금 일반 S$15, 학생 · 시니어 S$3, 어린이 무료

3 진저 가든 *Ginger Garden*

힐링 가든으로 알려진 싱가포르 보태닉 가든 내 인기 전시관.
약 1헥타르 면적에 아시아, 아프리카 등에 분포하는
250여 종의 생강과 식물과 함께 강황, 각종 향
신료 식물이 자라고 있다. 방문객은 식물의
다양한 형태와 색깔, 냄새를 직접 보고 느
낄 수 있다.

📍
운영 05:00~24:00
요금 무료

4 할리아 레스토랑 & 카페 *Halia Restaurant & Café*

진저 가든 내에 자리한 인기 있는 공간으로, 레스토랑은 식사와 함께 자연을 즐길 수 있는 특별한 장소다. 신선한 재료를 사용해 정통 아시아 및 서양 요리를 재해석한 메뉴를 선보인다. 내부는 아늑하면서도 현대적인 디자인으로 꾸며 가족, 친구, 연인과 함께 이용하기 좋고 야외 테라스 공간도 있다. 카페는 가든 산책 중 잠시 휴식하며 달콤한 디저트나 시원한 음료를 마시기 좋다.

운영 월~금요일 09:00~21:00, 토 · 일요일 10:00~22:00 **홈페이지** thehalia.com

5 방문자 센터 & 가든 숍 *Visitor Centre & Garden Shop*

싱가포르 보태닉 가든에는 총 세 곳의 방문자 센터가 있으며 방문자 센터 내에 가든 숍이 있다. 가든 숍에서는 싱가포르 보태닉 가든 기념품을 판매한다. 식물도감부터 사진집까지 식물과 관련한 다양한 상품이 있다. 추천 아이템은 식물원을 모티브로 한 오리지널 굿즈와 엽서다. 라벤더가 들어간 꿀이나 자연의 향을 담은 방향제도 인기다.

운영 08:00~19:00 **요금** 기념품 S$5~

LITTLE INDIA

리틀인디아

남인도에서 이주한 사람들이 정착하며 형성된 지역인 리틀인디아는 오랜 역사를 자랑하는 거리에서
역동적인 에너지가 느껴진다. 사원을 오가는 사리 입은 여인들과 터번을 쓴 남성들, 화려한 사원,
금 가게의 반짝이는 장신구가 눈길을 사로잡는다. 이곳은 단순한 인도 문화의 축소판이 아닌 시간과 공간을
넘나드는 여행이 가능한 곳이다. 리틀인디아의 매력은 단순히 보는 것에 그치지 않는다. 거리 곳곳에서
풍기는 향신료 향, 손바닥에 정교하게 그린 헤나 문양, 입안을 가득 채우는 탄두리 치킨의 풍미,
귓가를 울리는 볼리우드 음악 등 모든 감각을 자극하는 특별한 경험을 하게 된다.

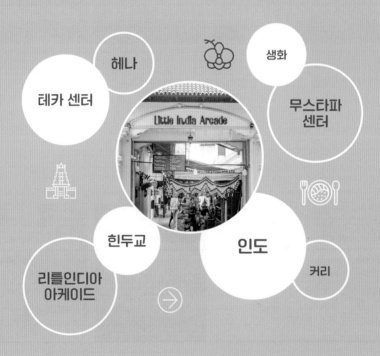

헤나

생화

테카 센터

무스타파
센터

힌두교

인도

리틀인디아
아케이드

커리

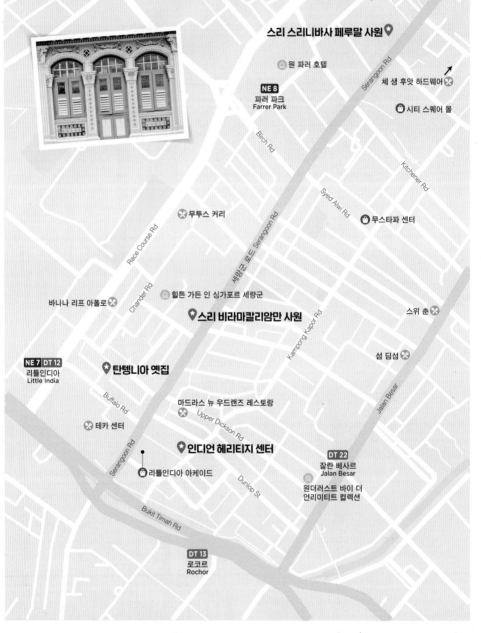

리틀인디아

0 ————— 140m

사카 무니 부다 가야 사원 ●

스리 스리니바사 페루말 사원 📍

🏨 원 파러 호텔

NE 8
파러 파크
Farrer Park

Serangoon Rd

체 생 후앗 하드웨어 🍴 ↗

🍴 시티 스퀘어 몰

Birch Rd

Kitchener Rd

Syed Alwi Rd

🍴 무투스 커리

세랑군 로드 Serangoon Rd

🏨 무스타파 센터

Race Course Rd

Chander Rd

🍴 바나나 리프 아폴로

🏨 힐튼 가든 인 싱가포르 세랑군

스리 비라마칼리암만 사원 📍

Kampong Kapor Rd

스위 춘 🍴

섬 딤섬 🍴

NE 7 DT 12
리틀인디아
Little India

📍 탄텡니아 옛집

Buffalo Rd

마드라스 뉴 우드랜즈 레스토랑
🍴 Upper Dickson Rd

🍴 테카 센터

📍 인디언 헤리티지 센터

Serangoon Rd

🏨 리틀인디아 아케이드

Dunlop St

Jalan Besar

DT 22
잘란 베사르
Jalan Besar

원더러스트 바이 더
언리미티트 컬렉션

Bukit Timah Rd

DT 13
로코르
Rochor

BEST COURSE
리틀인디아 추천 코스

싱가포르 속 작은 인도!
이국적인 인도 문화 산책

세랑군 로드Serangoon Rd를 따라
자리한 힌두교 사원과 상점을 구경하다
배가 출출해지면 인도 요리 전문점에서
진한 커리 맛에 취해보자. 알록달록한
색감과 리틀인디아만의 독특한
분위기를 느끼며 인도 문화를 만난다.

🚇 주요 이용 역
• MRT 리틀인디아역
• MRT 파러파크역
• MRT 부기스역
• MRT 잘란 베사르역

⏱ 소요 시간 8시간~

💰 예상 경비 교통비 S$10 + 식비 S$30 +
쇼핑 S$100 = Total S$140

📌 기억할 것 사원을 개방하는 오전에 힌두교
사원을 둘러보고 오후에는 무스타파 센터, 시티
스퀘어 몰에서 쇼핑을 즐긴다. 밤 시간에는
좁은 골목길로 다니지 않도록 주의한다.

F⊙LLOW
이런 사람 팔로우!
➥ 이색적 풍경과 인도 문화가 궁금하다면
➥ 싱가포르의 인도 요리를 맛보고 싶다면
➥ 저렴한 기념품을 사고 싶다면

Let's Go!

탄텡니아
옛집 구경

테카 센터 &
호커 센터 구경

리틀인디아
아케이드 구경

도보 2분

도보 5분

도보 10분

리틀인디아 아케이드

점심 식사
추천 무투스 커리

도보 10분

도보 5분

스리 스리니바사
페루말 사원

스리 비라마칼리암만
사원

도보 9분

무스타파 센터 &
시티 스퀘어 몰 쇼핑

저녁 식사
추천 스위 춘

도보 3분

세랑군 로드

⑴ 탄텡니아 옛집
Former House of Tan Teng Niah

화려한 옛집의 귀환

알록달록한 파스텔 톤 외벽으로 꾸민, 이국적 분위기가 물씬 풍기는 건물이다. 1900년대에 지었으며 리틀인디아에서 유일하게 현재까지 보존된 중국식 저택이다. 중국인 사업가 탄텡니아가 운영하던 사업체 건물을 1980년에 현재의 모습으로 복원했다. 컬러풀한 가옥과 리틀인디아 풍경이 묘한 대조를 이룬다. 외부에서 사진을 찍을 뿐 내부 입장은 불가한데 사진작가들의 포토 명소로 인기가 높다.

가는 방법 MRT 리틀인디아Little India역에서 도보 1분
주소 37 Kerbau Rd
문의 65 6295 5998
운영 24시간
홈페이지 www.roots.gov.sg

⑵ 인디언 헤리티지 센터
Indian Heritage Centre

인도 커뮤니티의 중심에 자리한 전시관

동남아시아 지역 최초로 인도 문화와 역사를 전시하는 곳으로, 리틀인디아 지역의 캠벨 레인Campbell Lane 내에 자리해 있다. '캠벨 레인'은 영국 군인의 이름에서 유래했으며 건축적으로도 이야깃거리가 많은 곳이다. 뉴질랜드 출신 건축가가 인도의 전통 계단식 우물인 바올리baoli를 모티브로 건물을 설계했다고 한다. 인디언 헤리티지 센터에서는 싱가포르 내 인도인의 과거와 현재에 대한 기록을 전시한다. 정착민으로서의 종교적 복장, 의례, 언어, 전통, 예술, 축제 등 각종 자료가 보관되어 있다. 이곳의 매력은 늦은 저녁 조명이 들어오는 순간부터 발산하는데 마치 거대한 전시 공간처럼 변모한다.

가는 방법 MRT 리틀인디아Little India역에서 도보 5분 **주소** 5 Campbell Ln **문의** 65 6291 1601
운영 10:00~18:00 **휴무** 월요일 **요금** 일반 S$8, 학생 · 60세 이상 S$5, 6세 이하 무료 **홈페이지** indianheritage.org.sg

⓪③ 스리 비라마칼리암만 사원
Sri Veeramakaliamman Temple

칼리 여신을 모시는 힌두교 사원

1881년 인도 이주민이 남인도 건축양식으로 지은 사원으로 싱가포르를 대표하는 힌두교 사원 중 하나다. 힌두교 3대 신의 하나인 시바 신의 아내 칼리 신을 모신다. 칼리 신은 '파괴의 여신'으로 알려져 있으며, 검푸른 피부를 가진 것으로 묘사된다. 힌두교에서 칼리 신은 자비로운 어머니 여신으로도 여기며, 우주의 구세주라는 의미의 바바타리니Bhavatarini라고 부르기도 한다. 중심가에 사원이 자리해 관광객이 많이 찾는다. 사원 내부 관람 시 신발을 벗고 발을 닦은 뒤 입장하는 것이 예의다. 사원 옆에 발을 씻을 수 있는 수도 시설이 마련되어 있다.

가는 방법 MRT 부기스Bugis역에서 도보 5분 **주소** 141 Serangoon Rd **문의** 65 6295 4538
운영 05:30~12:00, 17:00~21:00 **홈페이지** srivkt.org

⓪④ 스리 스리니바사 페루말 사원
Sri Srinivasa Perumal Temple

비슈누 신을 모시는 대표 힌두 사원

국가 지정 문화재로 1855년 하늘의 신 비슈누Vishnu를 모시기 위해 건축했다. 남인도 전통 건축양식에 따라 다층 구조로 이루어져 있으며, 각 층에는 다양한 힌두 신의 조각상이 장식되어 있다. 20m 높이의 고푸람은 이 사원의 상징이다. 사원 내부에는 비슈누 신과 그의 아내 락슈미Lakshmi 그리고 가루다Garuda의 동상이 있다. 사원은 현지인의 기부금으로 점점 더 화려해지고 있으며, 이곳은 힌두교 축제인 타이푸삼Thaipusam 행진의 출발점이 되기도 한다.

가는 방법 MRT 파러파크Farrer Park역에서 도보 5분
주소 397 Serangoon Rd
문의 65 6298 5771
운영 05:30~12:00, 17:30~21:00
홈페이지 sspt.org.sg

싱가포르의 숨은 보석
화려한 리틀인디아 거리 속으로

싱가포르 리틀인디아는 인도 문화를 가까이서 생생하게 경험할 수 있는 곳이다. 세랑군 로드를 중심으로 인도의 전통과 싱가포르의 현대 문화가 어우러져 있는데 거리를 구경하다 보면 세 가지가 자주 눈에 띈다. 리틀인디아에서 볼 수 있는 이 풍경이 인도의 매력에 푹 빠지게 한다.

① 화려한 생화 갈런드

리틀인디아 거리를 걷다 보면 향기로운 꽃으로 만든 갈런드 가게가 곳곳에 있다. 갈런드는 꽃줄기 부분을 엮어 만드는 일종의 목걸이인데, 인도에서는 단순한 장식품이 아닌 중요한 문화적 요소다.

힌두교 사원에서는 갈런드를 신에게 공물로 바친다. 주로 사용하는 꽃은 연꽃, 메리골드, 재스민이며 흰색은 순수와 평화, 빨간색은 사랑, 노란색은 희망과 번영을 상징한다. 갈런드는 환영의 표시로도 사용하는데, 귀빈을 맞이할 때 갈런드를 목에 걸어준다.

② 반짝이는 금과 주얼리

리틀인디아 거리에는 화려한 금 장신구와 보석으로 가득한 상점이 즐비하다. 이곳에서 금은 단순한 장식품 이상의 의미를 갖는데, 인도에서 부와 번영의 상징일 뿐 아니라 신성하게 여기기 때문이다.

결혼할 때는 신부가 지참금으로 금 장신구를 준비하는 전통이 있어 많은 상점에서 결혼용 금 장신구를 판매한다. 금을 이용한 장신구는 전통적인 인도 스타일부터 현대적인 디자인까지 매우 다양하다.

③ 아름다운 헤나 문신

리틀인디아에서는 헤나 문신을 한 사람이 자주 눈에 띈다. 헤나는 인도의 오랜 전통으로, 특히 결혼식 때 신부의 손발에 헤나 문신을 하는 것이 중요한 의식이다. 헤나 디자인에는 각각의 의미가 있으며, 행운과 축복을 상징하는 경우가 많다.

리틀인디아의 여러 상점에서 여행자도 헤나 문신을 체험할 수 있다. 리틀인디아 아케이드에 헤나 숍이 몇 군데 있다. 많은 디자인 가운데 원하는 것을 고를 수 있으며 가격은 S$5부터다. 헤나는 보통 일주일에서 10일 정도 유지된다.

리틀인디아 맛집

무투스 커리
Muthu's Curry

위치	탄텡니아 옛집 근처
유형	인기 맛집
주메뉴	커리, 탄두리 치킨

☺ → 쾌적한 환경
☹ → 메뉴에 대한 설명이 다소 부족

가는 방법 MRT 리틀인디아Little India역에서
도보 5분
주소 138 Race Course Rd
문의 65 6392 1722
운영 10:30~22:30
예산 피시 헤드 커리 S$20, 난 S$4
※봉사료+세금 19% 별도
홈페이지 muthuscurry.com

깔끔한 인도 레스토랑으로 오랫동안 이 지역의 인기 맛집으로 알려져 있다. 뷔페식으로 메뉴가 다양하며, 원하는 단품 메뉴가 있을 때는 그 자리에서 주문도 가능하다. 남인도 스타일의 피시 헤드 커리와 가성비 좋은 탄두리 치킨, 인도 쌀에 향신료·식용류를 넣고 조려서 찌거나 볶은 브리야니가 인기 메뉴다. 쟁반을 사용하는 대신 바나나잎을 깔고 그 위에 음식을 올려 내는 것도 특징이다. 냉방 장치가 있어 쾌적한 환경에서 식사할 수 있다.

바나나 리프 아폴로
Banana Leaf Apolo

위치	탄텡니아 옛집 근처
유형	인기 맛집
주메뉴	피시 헤드 커리, 버터 치킨

☺ → 물티슈 무료 제공
☹ → 조리 시간이 오래 걸리는 편

전통 피시 헤드 커리로 유명한 인도 레스토랑으로, 변함없는 맛으로 승부하는 곳이다. 생선 머리를 이용해 만드는 피시 헤드 커리는 다양한 사이즈(소, 중, 대)로 주문이 가능하다. 기본적으로 가게 이름처럼 바나나잎에 그릇을 세팅해 낸다. 인기 메뉴는 피시 헤드 커리, 버터 치킨, 탄두리 치킨이며 브리야니나 흰밥, 난 등을 추가해서 먹는다. 채식주의자를 위한 비건 메뉴도 있고 인근에 2호점이 있다.

가는 방법 MRT 리틀인디아Little India역에서 도보 2분
주소 54 Race Course Rd **문의** 65 6293 8682
운영 10:30~22:30 **예산** 피시 헤드 커리 S$29~39,
탄두리 치킨 S$18~ ※봉사료+세금 19% 별도
홈페이지 thebananaleafapolo.com

스위 춘
Swee Choon

위치	무스타파 센터 근처
유형	로컬 맛집
주메뉴	홍콩식 딤섬

☺ → 다채로운 딤섬 메뉴
☹ → 현금 결제만 가능

1962년부터 운영해온 인기 많은 중식당 겸 딤섬 전문점이다. 역사가 오래되었지만 실내는 넓고 깔끔하다. 이곳 리틀인디아 잘란 베사르점이 본점이며 싱가포르 내 여러 곳에 분점이 있다. 대표 메뉴는 광둥식 요리와 홍콩식 딤섬으로 바오, 죽, 토스트, 디저트 등 다양한 요리를 곁들여 먹는다. QR코드를 이용해 주문하며 카드 결제는 불가하니 현금을 준비해 간다. 물가 비싼 싱가포르에서 저렴하게 식사할 수 있는 가성비 좋은 맛집이다.

📍 **가는 방법** MRT 잘란 베사르Jalan Besar역에서 도보 5분
주소 183/185/187/189, Jln Besar, 191/193
운영 07:00~04:00 **휴무** 화요일
예산 딤섬 S$3.90~ ※봉사료+세금 19% 별도
홈페이지 www.sweechoon.com

섬 딤섬
Sum Dim Sum

위치	무스타파 센터 근처
유형	로컬 맛집
주메뉴	광둥식 요리와 딤섬

☺ → 가성비 좋은 딤섬
☹ → 운영 시간 변동이 심함

요리와 다양한 번, 딤섬 등을 합리적인 가격에 맛볼 수 있는 캐주얼한 로컬 딤섬 식당이다. 단품 메뉴도 있지만 여럿이서 함께 먹을 수 있는 세트 메뉴가 인기 있다. 샤오룽바오, 창펀, 번, 죽, 완탕 등 메뉴가 다양하다. 특히 파란색 만두피가 특징인 티파니 블루 하가우가 인기 좋다. 사이즈는 일반 딤섬 가게보다 큰 편이고 한 접시에 3점씩 제공한다.

📍 **가는 방법** MRT 잘란 베사르Jalan Besar역에서 도보 4분
주소 161 Jalaln Besar **문의** 65 8818 9161
운영 11:30~01:00(월·수·목요일 15:00~17:00 브레이크 타임)
예산 딤섬 S$6~, 번 S$6~ ※봉사료+세금 19% 별도
홈페이지 sumdimsum.oddle.me

마드라스 뉴 우드랜즈 레스토랑
Madras New Woodlands Restaurant

위치 스리 비라마칼리암만 사원 근처
유형 남인도 레스토랑
주메뉴 마살라 도사

😊 → 합리적인 가격의 정통 남인도 요리
☹ → 사진 메뉴가 없음

📍
가는 방법 MRT 리틀인디아Little India역에서
도보 9분 **주소** 14 Upper Dickson Rd
문의 65 6297 1594 **운영** 07:30~22:30
예산 버터 마살라 도사 S$6.90~
※봉사료+세금 19% 별도

정통 남인도 요리와 다양한 비건 푸드로 유명한 리틀인디아의 로컬 맛집이다. 많은 메뉴 중에서 특히 마살라 도사 masala dosa가 유명하다. 마살라 도사는 얇고 바삭한 렌틸콩 크레페에 향신료로 맛을 낸 감자 커리를 채워 넣은 남인도의 대표 요리다. 이곳의 마살라 도사는 바삭하면서도 부드러운 식감과 풍부한 향신료 맛으로 많은 사랑을 받는다. 합리적인 가격으로 남인도 요리를 맛볼 수 있는 곳이다.

테카 센터
Tekka Centre

위치 탄텡니아 옛집 근처
유형 호커 센터
주메뉴 인도 · 말레이 · 할랄 요리

😊 → 저렴한 가격
☹ → 노후한 시설

📍
가는 방법 MRT 리틀인디아Little India역에서
도보 2분 **주소** 665 Buffalo Road Zhujiao
Centre, Tekka, Market
운영 07:00~22:00(매장마다 다름)
예산 단품 메뉴 S$5~10 ※봉사료+세금 포함

리틀인디아를 대표하는 호커 센터로 공간은 허름하지만 저렴한 가격에 맛을 보장하는 곳이라 현지인에게 인기가 많다. 인도 요리뿐 아니라 중국, 말레이, 할랄 등 다국적 메뉴를 선보인다. 원하는 요리 코너에서 주문하고 셀프로 가져다 먹는다. 디저트로는 시원한 빙수 첸돌Chendol 인기 맛집인 올드 아모이 첸돌Old Amoy Chendol을 놓치지 말 것. 2층에는 의류와 잡화 매장이 있다.

체 생 후앗 하드웨어
Chye Seng Huat Hardware

위치 라벤더 스트리트Lavender St 근처
유형 로컬 카페
주메뉴 커피, 브런치, 조식

😊 → 리틀인디아의 숨은 보석
☹ → 중심가에서 조금 떨어진 위치

📍
가는 방법 MRT 파러파크Farrer Park역에서
도보 5분 **주소** 150 Tyrwhitt Rd
문의 65 6299 4321 **운영** 08:30~22:00
(화요일은 13:00부터, 수요일은 17:00부터)
예산 아침 식사 S$18~, 커피 S$3.80~
※봉사료+세금 19% 별도 **홈페이지** cshhcoffee.com

리틀인디아에서 다소 떨어진 한적한 골목에 자리해 있지만 인기 있는 카페로 손꼽힌다. 공업용 부품을 팔던 철물점을 개조한 까닭에 인더스트리얼 스타일의 세련된 분위기가 물씬 풍긴다. 하루 종일 맛있는 커피는 물론 디저트와 구운 연어 베이글 & 아보카도 토스트, 샌드위치 같은 간단한 식사도 가능하다. 단, 식사는 오후 5시까지 주문 가능하다. 커피는 취향에 따라 디카페인, 오트 밀크로도 주문 가능하며 이때는 S$1 추가된다.

리틀인디아 쇼핑

무스타파 센터
Mustafa Centre

위치	세랑군 로드 근처
유형	대형 슈퍼마켓
특징	잡화 중심

새벽까지 즐기는 쇼핑센터

리틀인디아를 대표하는 대형 슈퍼마켓. 이색적인 제품을 비롯해 식료품, 각종 생활용품, 차, 커피 등 가짓수를 셀 수 없을 만큼 다양한 상품을 판매한다. 지하 2층부터 지상 4층까지 24시간 운영하며 가격이 저렴하다는 점이 이곳으로 여행자들의 발길을 끄는 이유다. 워낙 제품이 많다 보니 원하는 물건을 찾는 데 시간이 많이 걸린다. 선물용이나 기념품을 비롯해 각종 제품을 한번에 구입하기 좋다. 환전소도 있고 GST 환급(S$100 이상 구입 시)을 위한 카운터도 지하 2층에 있다. GST 환급을 하려면 여권, 영수증, 싱가포르 입국 카드(QR코드)가 필요하다. 소매치기가 많으니 주의할 것.

 가는 방법 MRT 파러파크Farrer Park역에서 도보 5분 **주소** 145 Syed Alwi Rd **문의** 65 6295 5855 **운영** 24시간 **홈페이지** mustafa.com.sg

리틀인디아 아케이드
Little India Arcade

위치	세랑군 로드
유형	아케이드
특징	잡화 중심

오랜 역사를 자랑하는 쇼핑 아케이드

노란색 2층 건물인 리틀인디아 아케이드는 콜로니얼 양식 건축물을 리뉴얼해 깔끔해 졌으며, 건물 자체가 근대 유산으로 지정되었다. 인도 분위기가 물씬 풍기는 수공예 품, 주얼리, 향신료 등 각종 잡화를 파는 소규모 상점이 입점해 있어 기념품 쇼핑에 적합하다. 여행자에게 인기 있는 레스토랑도 몇 곳 있어 쇼핑을 하거나 가볍게 구경 하다 허기를 채우기 좋다.

가는 방법 MRT 리틀인디아Little India역에서 도보 3분 **주소** 48 Serangoon Rd, #02~07 **문의** 65 6295 5998 **운영** 09:00~22:00(매장마다 다름) **홈페이지** ittleindiaarcade.com.sg

시티 스퀘어 몰
City Square Mall

위치	세랑군 로드
유형	대형 쇼핑몰
특징	다양한 브랜드

리틀인디아에 자리한 현대식 대형 쇼핑몰로 쾌적한 시설을 자랑한다. 지상 5층 건물에 상점과 유명 체인 레 스토랑, 푸드 코트는 물론 영화관, 다이소, 패스트푸드점 등이 입점해 있다. 쇼핑몰 안에 다양한 어린이용 오 락 시설이 있고 건물 앞에 놀이터가 있어 아이를 동반한 가족여행자가 시간을 보내기 좋다. MRT 파러파크역 과 연결되어 있어 접근성이 좋고, 무스타파 센터와 가까워 기념품 쇼핑과 식사를 함께 하기 좋다.

가는 방법 MRT 파러파크Farrer Park역에서 도보 3분 **주소** 180 Kitchener Rd **문의** 65 6595 6595 **운영** 10:00~22:00 **홈페이지** citysquaremall.com.sg

BUGIS & KAMPONG GLAM

부기스 & 캄퐁글램

싱가포르 심장부에 자리한 부기스와 캄퐁글램은 과거와 현재, 동양과 서양이 완벽하게 조화를 이루는 곳이다. 부기스는 최신 패션 아이템부터 독특한 빈티지 소품까지 다양한 상품이 모여 있는 쇼핑 거리로 싱가포르 10~20대 젊은이들의 아지트로 통한다. 캄퐁글램은 과거 말레이 왕실이 있던 곳이며 현재는 트렌디한 힙스터들의 천국으로 탈바꿈했다. 화려한 그라피티로 뒤덮인 하지 레인의 좁은 골목길 사이로 술탄 모스크의 황금 돔이 펼쳐지고, 아랍 스트리트에는 향신료 가게들이 오랜 시간 한자리를 지키며 이국적 분위기를 풍긴다.

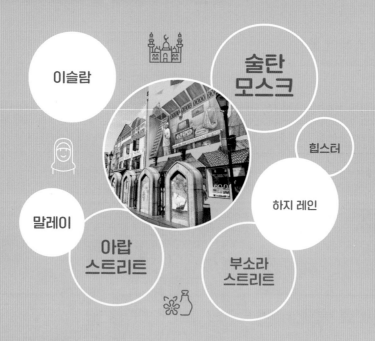

이슬람

술탄 모스크

힙스터

말레이

하지 레인

아랍 스트리트

부소라 스트리트

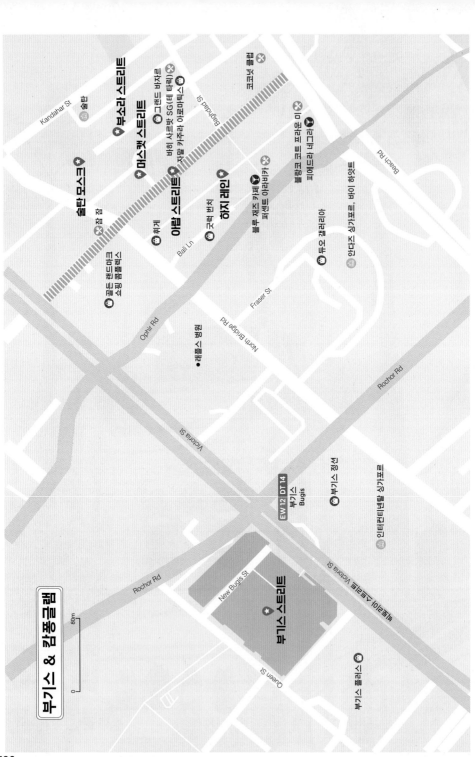

부기스 & 캄퐁글램

0 ━━━━━ 80m

Kandahar St

술탄 모스크 ✦

부소라 스트리트 ✦

마스캣 스트리트 ✦

아랍 스트리트 ✦

하지 레인 ✦

술탄 👁

그랜드 바자르 👁

잠잠 👁

바히 사르밧 SG(테 타릭) 👁

자말 카주라 아로마틱스 👁

휘게 👁

굿럭 번치 👁

블루 재즈 카페 📍
퍼셉트 아라바카 👁

크고닛 클럽 👁

골든 랜드마크
쇼핑 콤플렉스 👁

Bali Ln

Ophir Rd

블랑코 코트 프라온 미 👁
피에드라 네그라 📍

뉴오 갤러리아 👁

인디즈 싱가포르, 바이 허잇트 👁

● 래플스 병원

Fraser St

North Bridge Rd

Baghdad St

Beach Rd

Victoria St

Rochor Rd

EW12 DT14
부기스
Bugis

👁 부기스 정션

인터컨티넨탈 싱가포르 👁

부기스 스트리트 ✦

Rochor Rd

New Bugis St

아라비아 스트리트 Victoria St

Queen St

부기스 플러스 👁

BEST COURSE
부기스 & 캄퐁글램 추천 코스

화려한 아랍 · 무슬림 문화 속으로!
유서 깊은 동네 산책

오전에는 저렴한 쇼핑의 중심지
부기스 스트리트를 둘러보고,
오후에는 술탄 모스크를 중심으로
무슬림 문화가 잘 보존된 캄퐁글램에서
이국적인 분위기를 만끽한다.
저녁에는 분위기 좋은 바에서 시원한
칵테일로 마무리하자.

FOLLOW
이런 사람 팔로우!
➡ 싱가포르의 무슬림 문화가 궁금하다면
➡ 예술적 감성을 만끽하고 싶다면
➡ 그라피티와 벽화를 좋아한다면

🚇 **주요 이용 역**
• MRT 부기스역

🚶 **소요 시간** 8시간~

💰 **예상 경비** 교통비 S$10 + 식비 S$50 +
쇼핑 S$50 = Total S$110

📌 **기억할 것** 부기스 스트리트와 부기스
정션은 실내 공간이다. 따라서 무더운
날씨나 비가 오는 날에도 불편함 없이
이용할 수 있다. 술탄 모스크는 관광객
입장을 허용하는 시간이 따로 있으니 미리
시간을 체크할 것!

Let's Go!

부기스 스트리트 &
부기스 정션

도보 8분

술탄 모스크

도보 2분

점심 식사
추천 잠 잠

도보 2분

부소라 스트리트 &
그랜드 바자르 구경

캄퐁글램이 위치한 아랍 스트리트

도보 1분

도보 1분

개성 넘치는
하지 레인 구경

티타임
추천 바히 사르밧 SG(테 타릭)
또는 퍼센트 아라비카

도보 2분

저녁 식사
추천 코코넛 클럽

발리 레인에서
칵테일로 마무리
추천 블루 재즈 카페
또는 피에드라 네그라

도보 3분

화려하고 독특한 분위기의 하지 레인

01 술탄 모스크
Sultan Mosque

이슬람 문화의 중심

싱가포르에서 가장 웅장하고 아름다운 사원으로 손꼽힌다. 1825년에 지어 오랜 역사를 자랑하는 이슬람 사원으로 1층은 남성, 2층은 여성이 기도하는 장소로 나누어져 있다. 관광객은 정해진 개방 시간에만 들어갈 수 있으며 무료입장이다. 남성은 긴 바지를 입어야 하고, 여성은 신체가 노출되는 복장으로 입장하지 못하며 입구에서 가운을 무료로 대여해준다. 또 입장하기 전에 손발을 깨끗하게 씻는 것이 예의다.

가는 방법 MRT 부기스Bugis역에서 도보 9분 **주소** 3 Muscat St
문의 65 6293 4405 **운영** 10:00~12:00, 14:00~16:00 ※금요일은 입장 불가
홈페이지 www.sultanmosque.sg

02 부기스 스트리트
Bugis Street

현지인에게 인기 있는 거리

이 일대의 활기찬 쇼핑가로, 1층은 기념품점, 2층은 패션 매장으로 이루어진 아케이드 형태로 되어 있다. 의류, 신발, 가방, 기념품 등 다양한 제품을 판매하는데 값이 저렴한 만큼 품질이 조금 떨어지기도 한다. 과일 주스를 마시며 구경하는 재미가 있어 관광객도 많이 찾는다. 이웃한 쇼핑몰 부기스 정션, 부기스 플러스와 함께 둘러보면 좋다.

가는 방법 MRT 부기스Bugis역에서 도보 3분 **주소** 261 Victoria St
문의 65 6631 9931 **운영** 10:00~22:00 **홈페이지** capitaland.com

(03) 부소라 스트리트
Bussorah Street

이슬람 문화의 상징

이슬람 문화를 경험할 수 있는 캄퐁글램 지역을 대표하는 거리다. 19세기에 향신료, 보석, 사금 등을 무역하던 아랍 상인들의 주 활동 무대였으나 현재는 이슬람 문화를 간직한 거리로 변모했다. 야자수가 늘어선 거리에 사원과 레스토랑, 싱가포르 방문자 센터, 기념품점 등이 자리해 있다. 튀르키예 레스토랑이 많은 것도 특징이다. 사원을 배경으로 사진을 찍거나 튀르키예 요리를 즐기며 시간을 보내기 좋다.

가는 방법 MRT 부기스Bugis역에서 도보 7분 **주소** Bussorah St

(04) 머스캣 스트리트
Muscat Street

이슬람 벽화가 인상적인 거리

거대한 벽화를 따라 이어지는 작은 거리지만 활력이 넘친다. 술탄 모스크와 부소라 스트리트가 연결되는 길목이라 관광객으로 붐빈다. 머스캣 스트리트와 골목길 곳곳의 벽화를 배경으로 사진을 찍거나 이웃한 카페, 식당, 상점을 구경하며 시간을 보내기 좋다. 캄퐁글램 여행의 출발점으로 삼으면 편리하다.

가는 방법 MRT 부기스Bugis역에서 도보 7분 **주소** Muscat St

1000가지 향기, 1000가지 색으로 꾸민
아랍 스트리트 Arab Street

싱가포르의 아랍 스트리트는 중동의 향기와 색채로 가득한 매력적인 거리다.
아랍과 튀르키예의 전통문화가 생생하게 느껴지는 곳이 넘쳐난다.
화려한 색채와 이국적 향기, 그리고 따뜻한 환대가 어우러진 아랍 스트리트를 만나보자.

1 화려한 카펫의 세계

아랍 스트리트를 걷다 보면 가장 먼저 눈에 띄는 것이 다채로운 색상의 카펫이다. 이란, 튀르키예, 우즈베키스탄 등에서 수입한 수공예 카펫이 상점 앞에 늘어서 있어 작은 바자르(시장)를 연상시킨다. 기하학무늬부터 꽃무늬까지 다양한 디자인의 카펫은 단순한 장식품을 넘어 예술 작품으로 여겨진다. 다만 가격이 비싸고 크기가 커서 여행자가 구입하기에는 무리가 있으니 구경하는 걸로 만족하자.

2 향기로운 향수와 향신료

거리를 걷다 보면 코를 자극하는 달콤하고 이국적인 향기를 만나게 된다. 아랍 스트리트의 향수 상점에서는 전통적인 아랍 향수인 아타르atar를 비롯해 다양한 향수를 판매한다. 또한 계피, 사프란, 커민 등 중동 요리에 빠지지 않는 향신료도 쉽게 눈에 띈다. 본인이 원하는 향과 유리 용기를 선택해 특별한 나만의 향수를 만들어볼 수도 있다.

3 맛있는 카페와 레스토랑

아랍 스트리트에는 중동 음식 레스토랑이 즐비할 뿐 아니라 튀르키예, 모로코, 레바논 등의 요리를 선보이는 레스토랑도 많다. 케밥, 훔무스, 팔라펠 등 중동 요리부터 현대적으로 재해석한 퓨전 요리까지 다양한 요리를 즐길 수 있으며 튀르키예식 디저트와 커피도 있다.

4 독특한 액세서리와 기념품

아랍 스트리트의 상점들은 중동 특유의 화려하고 섬세한 액세서리로 가득하다. 금으로 만든 장신구, 화려한 색상의 스카프, 모로코풍 램프, 수공예 도자기, 코스터 등 독특한 디자인의 기념품도 많아 여행의 추억을 담아 가기 좋다.

5 개성 넘치는 하지 레인

톡톡 튀는 아이디어와 트렌드세터가 넘쳐나는 하지 레인Haji Lane. 작은 가게들이 모여 형성된 거리로 200m 정도로 길이가 짧다. 낮보다는 날씨가 시원해지는 저녁 무렵부터 불야성을 이루며 활기가 넘친다. 하지 레인을 대표하는 나이트라이프 스폿에서 시원한 맥주나 칵테일을 마시거나 개성 만점인 상점을 구경하며 이국적 분위기 속에서 하루를 마무리한다.

부기스 & 캄퐁글램 맛집

코코넛 클럽
The Coconut Club

위치	부소라 스트리트
유형	신규 맛집
주메뉴	말레이 요리

😊 → 맛과 분위기 모두 합격
😥 → 인기 있는 만큼 대기는 필수

각종 향신료와 고추로 만든 매콤한 삼발 소스를 넣어 볶은 오징어볶음과 조개볶음, 튀긴 닭과 함께 나오는 나시 르막, 사테, 생선 요리 등이 대표 메뉴다. 특히 모든 요리에 진한 코코넛 밀크를 넣어 코코넛 향이 강한 것이 특징이다. 낯선 동남아시아 음식을 처음 접하는 한국인 여행자도 호불호 없이 맛있게 먹기 좋은 식사 메뉴가 많다. 동남아시아 특유의 열대 감성 인테리어도 인상적이며 커피와 첸돌 같은 시원한 디저트까지 즐길 수 있다. 2층은 예약자만 이용 가능하다.

📍
가는 방법 MRT 부기스Bugis역에서 도보 6분
주소 269 Beach Rd
문의 65 8725 3315
운영 평일 11:00~14:30, 17:00~21:30, 주말 11:00~21:30
휴무 월요일
예산 단품 요리 S$15~ ※봉사료+세금 19% 별도
홈페이지 thecoconutclub.sg

잠 잠
Zam Zam

위치 아랍 스트리트
유형 로컬 맛집
주메뉴 무르타박

☺ → 쾌적한 분위기
☹ → 아쉬운 위생, 다른 손님과 합석

인도 무슬림 요리를 내는 레스토랑으로, 대표 메뉴는 밀가루에 달걀을 섞은 반죽에 각종 재료를 넣어 만드는 무르타박murtabak과 쌀 요리인 브리야니다. 무르타박은 램, 비프, 치킨 등 원하는 메인 재료와 양을 선택한다. 양에 따라 가격이 달라지는데 가장 작은 사이즈도 꽤 양이 많다. 최근에 새 단장한 2층이 1층보다 조금 더 쾌적하다.

가는 방법 MRT 부기스Bugis역에서 도보 10분
주소 697~699 North Bridge Rd **문의** 65 6298 6320
운영 07:00~23:00 **예산** 무르타박 S$7~, 브리야니 S$9~ ※봉사료+세금 포함
홈페이지 zamzamsingapore.com

블랑코 코트 프라운 미
Blanco Court Prawn Mee

위치 아랍 스트리트
유형 로컬 맛집
주메뉴 새우 국수

☺ → 로컬 분위기 경험
☹ → 이른 영업 종료, 카드 사용 불가

새우를 이용한 국수 요리 '프라운 미'로 유명한 로컬 식당이다. 시원하면서도 진한 국물 맛 때문에 마니아층이 있을 정도다. 새우가 주재료인 프라운 미 외에 갈비가 주재료인 메뉴도 있다. 피시 볼, 스프링 롤, 소시지 등 각종 토핑을 추가해 취향껏 즐겨보자. 오후 4시까지만 운영하므로 이른 시간에 방문해야 한다. 실내가 덥고 위생이 좋지 않으니 물티슈를 준비해 가도록 한다.

가는 방법 MRT 부기스Bugis역에서 도보 5분 **주소** 243 Beach Rd, #01-01
문의 65 6396 8464 **운영** 07:30~16:00 **휴무** 화요일
예산 프라운 미(소) S$7~ ※봉사료+세금 포함

바히 사르밧 SG(테 타릭)
Bhai Sarbat SG(Teh Tarik)

위치	부소라 스트리트
유형	로컬 카페
주메뉴	밀크티

☺→ 오랜 역사를 자랑하는 로컬 찻집
☹→ 야외 좌석이라 더위에 취약

규모는 작지만 오랫동안 지역 명물 찻집으로 유명해 찾는 사람이 많다. 메뉴로는 밀크티와 커피를 비롯한 음료, 그리고 여기에 곁들일 스낵이 있고 가격은 저렴한 편이다. 포장 시에는 음료를 비닐봉지에 담아주는데, 뜨거운 음료도 온도가 그리 높은 편이 아니라 들고 마시기 수월하다. 특히 밀크티가 주홍빛이 도는 것이 특징이다. 아침에는 토스트와 함께 세트 메뉴도 판매한다.

가는 방법 MRT 부기스Bugis역에서 도보 8분
주소 21 Bussorah St **문의** 65 8263 4142 **운영** 06:30~01:00
예산 밀크티 S$1.60~ ※봉사료+세금 포함
홈페이지 www.bhaisarbat.sg

퍼센트 아라비카
% Arabica

위치	아랍 스트리트
유형	인기 카페
주메뉴	커피

☺→ 쾌적한 장소에서 즐기는 맛있는 커피
☹→ 이른 오후에 운영 종료

세계적으로 유명한 커피 체인으로 아랍 스트리트 지점은 싱가포르 1호점이다. 명성에 걸맞게 커피 애호가들에게 인기 있으며, 아랍 스트리트의 분위기를 즐기면서 고품질의 커피를 맛볼 수 있는 곳이다. 퍼센트 아라비카 특유의 화이트 톤 인테리어로 꾸민 매장은 규모가 작아 언제나 붐빈다. 에스프레소를 베이스로 한 아메리카노와 고소하면서도 달콤한 교토 라테가 대표 메뉴다. 냉방 시설을 갖추어 쾌적하다.

가는 방법 MRT 부기스Bugis역에서 도보 7분
주소 56 Arab St **문의** 65 9680 5288
운영 08:00~18:00 **예산** 에스프레소 S$4.80~
※봉사료+세금 포함 **홈페이지** www.arabica.coffee

부기스 & 캄퐁글램 나이트라이프

블루 재즈 카페
Blu Jaz Cafe

위치 술탄 모스크 근처
유형 이동식 바
주메뉴 맥주, 칵테일

☺ → 신나는 라이브 재즈 공연 감상
☹ → 나 홀로 여행자는 비추

눈길을 사로잡는 화려한 벽화와 장식이 인상적인 곳으로 하지 레인의 대표적인 나이트라이프 스폿이다. 이탈리아 요리와 함께 핑거 푸드, 맥주, 칵테일 등을 마시기 좋다. 낮 12시부터 저녁 8시까지 해피 아워 이벤트가 열린다. 이왕이면 이 시간에 맞춰 방문해 비싼 싱가포르 술을 좀 더 저렴하게 즐겨보자. 라이브 공연 스케줄은 홈페이지를 통해 공지한다.

가는 방법 MRT 부기스Bugis역에서 도보 6분 **주소** 11 Bali Ln
문의 65 9710 6156 **운영** 11:30~01:30 **요금** 1인 S$10~20
※봉사료+세금 포함 **홈페이지** www.blujazlive.net

피에드라 네그라
Piedra Negra

위치 아랍 스트리트
유형 캐주얼 바
주메뉴 맥주, 칵테일

☺ → 해피 아워에 맥주 1+1
☹ → 음식 맛은 기대하지 말 것

가는 방법 MRT 부기스Bugis역에서
도보 7분
주소 241 Beach Rd
문의 65 9199 0610
운영 12:00~24:00
요금 칵테일 S$14~
※봉사료+세금 포함

캐주얼 바 겸 멕시코 요리 전문점으로 하지 레인에서 오랜 시간 한자리를 지켜온 터줏대감 같은 곳이다. 나초, 케사디야, 브리토 등 다양한 멕시코 요리를 판매하며 낮 12시부터 저녁 8시까지는 맥주 한잔 주문 시 한 잔을 더 제공하는 1+1 프로모션을 진행한다. 건물 안쪽에 좌석이 있지만 대부분 야외 좌석을 선호한다. 가볍게 맥주나 칵테일을 마시면서 시간을 보내기 좋다.

부기스 & 캄퐁글램 쇼핑

그랜드 바자르
Grand Bazaar

위치	부소라 스트리트
유형	기념품점
특징	튀르키예 기념품 쇼핑

술탄 모스크를 마주하고 있는 부소라 스트리트에 자리한 기념품점으로 다양한 튀르키예 공예품과 기념품 등 특색 있는 상품을 판매한다. 거실 조명, 천장 조명, 커피, 티 세트, 각종 장식품을 판매하며, 매장 입구에는 조금 저렴하게 판매하는 세일 상품도 있다. 가격은 대체로 합리적이다. 전통 튀르키예 제품에 관심이 있다면 방문해보는 것도 좋다.

가는 방법 MRT 부기스Bugis역에서 도보 7분 **주소** 61 Bussorah St **문의** 65 9636 7644
운영 11:00~22:00(월요일은 21:00까지, 수요일은 23:00까지)

부기스 정션
Bugis Juntion

위치	MRT 부기스역 근처
유형	쇼핑몰
특징	캐주얼 의류, 액세서리

주변 지역을 대표하는 현대식 쇼핑몰로 패션 브랜드 매장과 식당가 등으로 이루어져 있다. 보세 의류와 중저가 스파 브랜드도 많아 젊은 층이 선호한다. 부기스 스트리트의 매장에 비해 가격대는 더 높은 편이다. 가장 위층에는 현지인에게 인기 있는 푸드 코트가 들어가 있고 지하에는 신선 식품과 각종 식재료 등을 판매하는 싱가포르 현지 체인형 슈퍼마켓인 콜드 스토리지 프레시가 있다. 맞은편의 부기스 플러스Bugis+ 쇼핑몰과 함께 둘러보기 좋다.

가는 방법 MRT 부기스Bugis역에서 도보 1분 **주소** 200 Victoria St **문의** 65 6557 6557
운영 10:00~22:00 **홈페이지** capitaland.com

자말 카주라 아로마틱스
Jamal Kazura Aromatics

위치	부소라 스트리트
유형	향수 전문점
특징	나만의 향수 제작

유리 용기에 본인이 원하는 향수를 넣어 구매할 수 있는 곳이다. 자신만의 향을 조향할 수 있을 뿐 아니라 용기까지 고를 수 있어 선물용이나 소장용으로도 인기 있다. 아로마 오일은 물론 널리 알려지지 않은 특별한 향의 오일도 많이 보유하고 있다.

가는 방법 MRT 부기스Bugis역에서 도보 7분
주소 21 Bussorah St
문의 65 6293 3320
운영 09:30~18:00

굿럭 번치
Goodluck Bunch

위치	하지 레인 근처
유형	편집숍
특징	수입 브랜드 중심

50여 개의 아웃도어 브랜드와 스트리트 브랜드를 모아놓은 편집숍. 젊은 층이 선호하는 브랜드 위주로 판매한다. 독특한 디자인의 신발, 아로마 캔들, 모자, 의류, 액세서리 등을 갖추고 있다. 다만 물건이 많지 않아 원하는 사이즈가 없는 경우가 많다. 가격은 대략 S$50~500 내외. 2층은 아기자기한 벽화와 아이템으로 꾸며져 있다.

가는 방법 MRT 부기스Bugis역에서 도보 5분
주소 26 Bali Ln
문의 65 6291 4890
운영 12:00~21:00
홈페이지 goodluckbunch.com

휘게
Hygge

위치	하지 레인
유형	기념품점
특징	문구와 다양한 잡화

문구류, 테이블 장식용품, 싱가포르 기념품, 의류, 가방 등 다양한 디자인 상품을 판매하는 편집숍. 기념품으로 구입하기 좋은 이색 아이템이 한자리에 모여 있는 것이 특징이다. 그림엽서 등 싱가포르 테마의 아이템은 여행 기념품으로 인기 있다. 친구나 가족 선물, 혹은 여행을 추억할 기념품을 찾고 있다면 방문해보자.

가는 방법 MRT 부기스Bugis역에서 도보 5분
주소 672 North Bridge Rd **문의** 65 8163 1893
운영 11:30~18:30(월·화요일은 17:00까지)
휴무 일요일
홈페이지 shophygge.sg

SENTOSA ISLAND

센토사섬

싱가포르 본섬에서 남쪽으로 800m 정도 떨어져 있는 인공 섬으로 과거 영국군 기지로 사용하기도 했다.
고운 백사장이 펼쳐진 해변과 동남아시아 최대 휴양 시설인 리조트 월드 센토사,
유니버설 스튜디오 싱가포르 등 즐길 거리와 대형 리조트가 총집합한 싱가포르 최고의 휴양지다.
테마파크와 연계된 다양한 어트랙션과 볼거리, 먹거리가 가득하다. 싱가포르 시내에서
모노레일, 케이블카, 버스, 택시 등을 이용해 쉽게 찾아갈 수 있어 접근성도 좋다.
가족이나 연인, 친구와 함께 즐거운 시간을 보내기 좋은 싱가포르 여행의 필수 코스다.

실로소
비치

루지

리조트
월드
센토사

모노레일

워터파크

유니버설
스튜디오
싱가포르

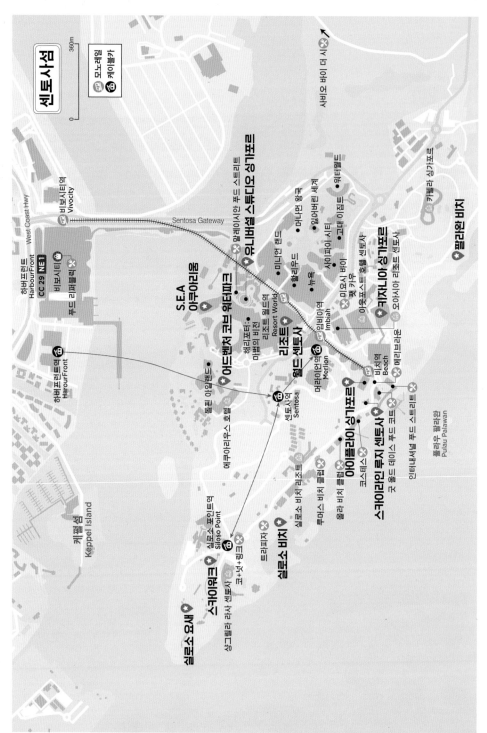

센토사섬

모노레일
케이블카

0   360m

비보시티역
Vivocity

하버프런트
HarbourFront
CC 29 NE1
비보시티

West Coast Hwy

Sentosa Gateway

푸드 리퍼블릭

말레이시안 푸드 스트리트

유니버셜 스튜디오 싱가포르

미니언 랜드

파라웨이 세계

헐리우드

마다가스카르

뉴욕

워터월드

사이파이 시티

고대 이집트

미요르 바이
짱 카우

임비아역
Imbiah

아웃포스트 호텔 센토사

마시지역
Beach

오아시아 리조트 센토사

카지니아 싱가포르

사버 오 바이 더 시

카퀼라 싱가포르

팔라완 비치

S.E.A
아쿠아리움

리조트 월드

리조트 월드역
Resort World

해리포터
마법의 비전

어드벤처 코브 워터파크

에쿠아리우스 호텔

돌핀 아일랜드

월드 센토사

마리아역
Sentosa

마리아언역
Merlion

아이플라이 싱가포르

메리브라운

인타내셔널 푸드 스트리트

스카이라인 루지 센토사

굿올드 데이스 푸드 코트

코스테스

실로소 비치 리조트

루머스 비치 클럽

올라 비치 클럽

케펠섬
Keppel Island

하버프런트역
HarbourFront

트라피자

코+넛+링크

실로소 포인트역
Siloso Point

상그릴라 라사 센토사

실로소 비치

스카이워크

실로소 요새

풀라우 팔라완
Pulau Palawan

120

센토사섬 완전 정복!
신나는 테마파크와 어트랙션 즐기기

아시아 최대 규모를 자랑하는 리조트 월드 센토사를 중심으로 해변과 유니버설 스튜디오 싱가포르, 워터파크, 아쿠아리움 같은 어트랙션이 자리하고 있다. 하루에 모두 둘러보기 어려우니 효율적인 동선을 짜야 한다.

FOLLOW
이런 사람 팔로우!
→ 아이와 함께 떠난다면
→ 액티비티와 테마파크를 좋아한다면
→ 휴양을 즐기고 싶다면

🎙 **주요 이용 역**
• MRT 하버프런트역

⏱ **소요 시간** 8시간~

💰 **예상 경비** 입장료 S$130 + 교통비 S$10 + 식비 S$60 + 쇼핑 S$50 = Total S$250

📌 **기억할 것** 센토사섬까지는 모노레일, 케이블카, 버스, 택시를 이용해 갈 수 있다. 센토사 공식 애플리케이션 마이센토사MySentosa를 이용하면 센토사 여행이 더욱 수월하다.

Let's Go!

모노레일
(센토사 익스프레스)
탑승

모노레일+도보 5분

유니버설 스튜디오
싱가포르

도보 5분

리조트 월드
센토사

모노레일+도보 5분

스카이라인
루지 센토사

유니버설 스튜디오 싱가포르

도보 5분

센토사섬 선셋 감상

실로소 비치에서
점심 식사 후 휴식

도보 5분

모노레일+도보 10분

비보시티
구경

저녁 식사 후 이동
추천 푸드 리퍼블릭
또는 코피티암

도보 5분

실로소 비치

센토사섬 들어가기

싱가포르 도심에서 센토사섬까지는 다양한 교통수단을 이용해 갈 수 있다.
교통수단별로 요금과 이용 방법이 다르므로 자신에게 맞는 방법을 선택한다. 가장 편리한 방법은
쇼핑몰 비보시티VivoCity에서 모노레일을 타고 이동하는 것이다.
홈페이지 www.sentosa.com.sg

🚋 모노레일(센토사 익스프레스) *Monorail(Sentosa Express)*

모노레일인 센토사 익스프레스는 센토사섬으로 이동하는 가장 보편적
이고 편리한 방법이다. 비보시티 3층level 3 탑승장에서 승차하며, 이지
링크 카드로 결제하거나 3층 매표소에서 탑승권을 구입한다. 탑승장
내에는 이지링크 카드 충전기가 없으니 필요한 경우 MRT 하버프런트
역에서 미리 충전한다. ➡ 이지링크 카드 정보 P.016

운영 07:00~24:00
요금 S\$4 ※센토사섬에 들어갈 때만 요금을 내고, 섬에서 이용하거나 나올 때는 무료

 센토사섬으로 가는 관문, 비보시티

비보시티는 싱가포르 하버프런트에 있는 대형 쇼핑몰이다.
싱가포르에서 가장 큰 복합 쇼핑몰 중 하나로 현지인은
물론 여행자들에게도 인기가 많다. 특히 센토사섬으로
가는 모노레일이 연결되어 있어 관광객에게 필수 관문
역할을 한다. 쇼핑몰 내에는 다양한 브랜드 매장과

맛집, 푸드 코트, 영화관 등이 있다. 옥상에는 전망대도 있어 싱가포르의 아름다운 경치를 감상할 수 있다.
운영 10:00~22:00

버스 *Bus*

MRT 하버프런트역 C번 출구 인근 버스 정류장Bus Stop 04에서 8번 버스를 타면 호텔 리조트 월드 센토사 지하 1층에 내려준다(약 10분 소요). 여기서 모노레일역인 리조트 월드역Resort World Station까지 걸어가서 모노레일을 타고 센토사섬 내 목적지로 이동한다. 싱가포르 시내에서는 123번 버스가 센토사섬까지 간다. 요금은 탑승지에 따라 거리별로 달라진다.

운영 07:00~00:10(배차 간격 7~15분) **요금** 1인 S$1~

택시 *Taxi*

3명 이상일 때 택시를 이용하면 가성비가 좋다. 택시는 기본적으로 미터제로 운행하며, 센토사섬 택시 입장료가 추가되는데 시간대별로 다르다. 단, 센토사섬 내 호텔이나 리조트에 묵는 경우 예약 바우처나 룸키 등을 제시하면 무료입장이다.

요금 S$10~20 ※출발지와 운행 시간에 따라 다름

✅ 시간대별 택시 요금

07:00~11:29	11:30~13:30	13:31~17:00	17:01~18:59
S$6	S$2	S$6	S$2

케이블카 *Cable Car*

센토사섬으로 들어가는 이동 수단 중 요금이 가장 비싸지만 주변 풍경을 감상할 수 있어 여행자들에게 인기다. MRT 하버프런트역 B번 출구로 나와 하버프런트 타워 2에 위치한 매표소에서 티켓을 구입하고 15층에서 탑승한다. 왕복 티켓만 판매한다.

요금 일반 S$35, 3~12세 S$25, 3세 미만 무료
운영 08:45~22:00(티켓 판매는 21:15분까지, 마지막 탑승 시간 21:30)

도보 *Board Walk*

MRT 하버프런트역 E번 출구에서 야외로 연결되는 보행자 통로를 따라 센토사섬까지 걸어갈 수 있다. 10분 정도 걸린다.

요금 무료 **운영** 07:00~24:00

 모바일 앱 마이센토사 Mysentosa

센토사 공식 애플리케이션인 마이센토사를 이용하면 센토사섬 여행이 조금 더 수월하다. 센토사섬 내 어트랙션, 호텔, 레스토랑 등의 정보 검색과 예약 및 교통 정보 검색이 가능하다. 특히 버스 도착 정보를 실시간으로 확인할 수 있어 편리하다.

sentosa

센토사섬 내에서 이동하기

센토사섬 내 주요 어트랙션과 호텔, 리조트를 연결하는 셔틀버스나 모노레일, 비치 트램 등을 이용한다.
해변 쪽 볼거리나 관광 명소는 거리가 짧은 경우 걸어서 가고, 먼 거리는 비치 트램으로 편리하게 이동한다.

셔틀버스 *Shuttle Bus*

센토사섬 내 명소들을 오가는 셔틀버스를 이용하면 원하는 어트랙션이나 장소로 이동할 수 있다. 셔틀버스에
냉방 시설이 갖춰져 쾌적하고 편리하게 센토사섬을 돌아볼 수 있다. A, B 2개 노선을 운행하며 요금은 무료
다. 센토사섬 내 비치역Beach Station 탑승장에서 출발하며 원하는 장소에서 타고 내릴 수 있다.

운행 07:00~00:10(배차 간격 7~15분)

A 노선

| 임비아 룩아웃
Imbiah Lookout | 실로소 포인트
Siloso Point | 빌리지 호텔 맞은편
Opp Village Hotel | 아마라 생추어리 리조트 맞은편
Opp Amara Sanctuary Resort |

비치역
Beach
(환승 구역)

리조트 월드 센토사
Resorts World Sentosa

| 빌리지 호텔
Village Hotel | 아마라 생추어리 리조트
Amara Sanctuary Resort |

B 노선

| 빌리지 호텔 맞은편
Opp Village Hotel | 센토사 파빌리온
Sentosa Pavilion | W 호텔/
키사이드 아일
W Hotel/
Quayside Isle | 센토사 코브 빌리지
Sentosa Cove Village | 센토사 파빌리온 맞은편
Opp Sentosa Pavilion |

아마라 생추어리
리조트 맞은편
Opp Amara
Sanctuary Resort

비치역
Beach
(환승 구역)

센토사 골프 클럽
Sentosa Golf Club

| 빌리지 호텔
Village Hotel | 아마라 생추어리 리조트
Amara Sanctuary Resort | 소 스파 맞은편
Opp So Spa | 팔라완 비치
Palawan Beach | 이튼하우스
EtonHouse |

모노레일(센토사 익스프레스)

센토사섬 내에서 총 4개 역을 오가는, 여행자들이 가장 많이 이용하는 교통수단이다. 비보시티 3층 탑승장 비보시티역Vivocity Station에서 센토사섬으로 갈 때는 모노레일 티켓의 QR코드 또는 이지링크 카드를 개찰 구에 태그한다. 그리고 정해진 모노레일역에서 직원 안내에 따라 탑승한다.
운행 07:00~24:00

모노레일 노선

	리조트 월드역 Resorts World		비치역 Beach
비보시티역 Vivocity		임비아역 Imbiah	

 모노레일 이용시

센토사섬으로 들어가면서 최초 탑승할 때 모노레일 티켓이나 이지링크 카드를 한 번 태그하면 센토사섬 내 이동과 센토사섬에서 나올 때까지 모노레일 이용이 무료다.

비치 트램 *Beach Tram*

팔라완 비치 방향과 탄종 비치 방향으로 운행한다. 비치역Beach Station에서 출발하며 해변을 오갈 때 이용하면 편리하다.
운행 09:00~22:00(토요일은 23:30까지, 배차 간격 15~25분)
요금 무료

비치 트램 노선

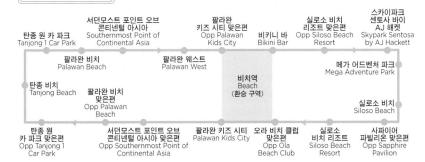

FOLLOW UP

센토사섬 알차게 즐기려면
어트랙션 티켓 구입하기

센토사섬의 모든 어트랙션 요금은 싱가포르 현지인과 관광객을 구분해 적용한다.
센토사 공식 홈페이지나 클룩 등 온라인 플랫폼에서 티켓을 구입하면 조금 더 저렴하다.
센토사 공식 홈페이지 www.sentosa.com.sg

① 어트랙션별 티켓 구입

즐기고 싶은 어트랙션별로 각각 티켓을 구입한다. 정해진 시간
에 모든 어트랙션을 이용하는 것이 어려우니 필요한 어트랙션만
선택해 즐기는 방법이다.
구입처 센토사 공식 홈페이지 또는 클룩

② 토큰 Token

센토사 어트랙션 요금을 토큰으로 지불해도 된다. 토큰은 크게 세 종류(60토큰, 95토큰, 130토큰)로 종이
티켓 형태이며 정해진 기간 내에만 사용할 수 있다.
사용법
1. 이용하고 싶은 어트랙션과 액티비티를 선택한다.
2. 어트랙션과 액티비티 이용에 필요한 개수만큼 토큰을 구입한다.
3. 어트랙션 또는 액티비티를 이용하기 전 토큰을 제시한다.
※한국에서 미리 토큰을 구입한 경우 이메일 또는 모바일 바우처를 티켓 교환처에서 실물 티켓으로 교환한다.
티켓 교환처 비보시티 3층 로비

③ 펀 디스커버리 패스 Fun Discovery Pass

센토사섬 내 다양한 어트랙션과 액티비티를 합리적인 가격에 즐길 수 있는 통합 패스권이다. 일부 어트랙션
은 사전 예약해야 하고, 인기 어트랙션인 스카이라인 루지 센토사는 사전 예약이 필요 없다. 자세한 사항은
센토사 공식 홈페이지를 참고할 것.
홈페이지 www.sentosa.com.sg/en/deals/fun-discovery-pass
구입처 센토사 공식 홈페이지

④ 클룩 싱가포르 패스 Klook Singapore Pass

한 장의 모바일 패스로 센토사섬 내 인기 어트랙션인 유니버설
스튜디오 싱가포르와 어드벤처 코브 워터파크, S.E.A 아쿠아리
움을 모두 이용할 수 있다. 원하는 옵션에 따라 두 가지 혹은 세
가지 조합이 가능하며 센토사 공식 홈페이지에서 구입하는 것보
다 할인된 가격으로 티켓을 살 수 있다. 한국어 지원으로 예약 및
결제도 편리하다.
구입처 클룩 www.klook.com

▶ **TIP**
유니버설 스튜디오 싱가포르는 월별,
요일별로 운영 시간과 입장권 요금이
달라진다. 지정된 날짜에 방문하는 '날짜
지정 입장권'과 정해진 기간 내 아무 때나
방문할 수 있는 '날짜 미지정 입장권'도
있다. 입장권은 보통 주말보다 평일이
조금 더 저렴한 편이다.

⑴ 리조트 월드 센토사
Resort World Sentosa

아시아 최대 규모의 리조트 테마파크

싱가포르 남부 해안의 센토사섬에 있는, 관광 · 휴양 · 식도락 · 쇼핑 · 카지노 등으로 이루어진 복합 엔터테인먼트 리조트. 총면적 49헥타르에 달하는 아시아 최대 규모 리조트이며 동남아시아 최초의 유니버설 스튜디오 싱가포르, 머린 라이프 파크, 아쿠아리움, 호텔, 카지노, 인공 해변이 자리해 있다. 글로벌 회사 겐팅 그룹이 사업비 4억 9300만 달러를 투자한 곳이다. 총 46개의 무료 또는 유료 어트랙션이 마련되어 있다. 사전에 입장권이나 이용권을 예매해야 하는 시설도 있고, 예매가 필요 없는 시설도 있다. 여행자들에게 인기 있는 주요 어트랙션을 알아보고 효율적인 계획을 짜보자.

 가는 방법 모노레일 리조트 월드역Resort World Station 하차
주소 8 Sentosa Gateway **홈페이지** www.rwsentosa.com

리조트 월드 센토사에서 영화 같은 하루를!
해리포터 마법의 비전과 미니언 랜드

리조트 월드 센토사에 두 가지 흥미로운 신규 어트랙션이 추가되었다.
마법 지팡이를 들고 영화 〈해리포터〉 속 하루를 체험해보는 전시관과 〈미니언즈〉 테마로 꾸민
미니언 랜드가 그 주인공이다. 새롭게 추가된 두 어트랙션을 살펴보자.

 ## 해리포터: 마법의 비전 *Harry Potter: Vision of Magic*

리조트 월드 센토사에서 새롭게 선보이는 몰입형 아트 체험 전시. 이 전시는 〈해리포터〉 영화의 마법 세계를
웅장한 사운드와 함께 생생하게 재현한 10개의 테마관에서 열린다. 관람객은 마법 지팡이를 들고 마치 마법
사가 된 듯 각각의 구역에서 신비로운 마법을 체험해볼 수 있다. 〈해리포터〉 팬이라면 놓치지 말아야 할 특별
한 어트랙션으로 입소문 나고 있다. 입장권에 버터 맥주(무알코올)가 포함되어 있으며 〈해리포터〉 굿즈를 파
는 기념품점도 있다.

가는 방법 모노레일 리조트 월드역Resort World Station에서 도보 4분 **주소** 8 Sentosa Gateway, B1, Sensota Island
운영 11:00~22:00(마지막 입장 21:00) **요금** 일반 S$49, 4~12세 S$39 **홈페이지** harrypottervisionsofmagic.com

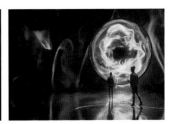

 ## 미니언 랜드 *Minion Land*

2025년 2월 유니버설 스튜디오 싱가포르에 새롭게 오픈했다.
〈미니언즈〉 테마 거리인 '미니언 마켓 플레이스Minion Market
Place', 어린이용 놀이기구와 게임 기구를 갖춘 '슈퍼 실리 펀 랜드
Super Silly Fun Land', 라이드 어트랙션을 체험할 수 있는 '그루의
동네Gru's Neighborhood' 등 3개의 테마 구역으로 이루어져 있다.

가는 방법 모노레일 리조트 월드역Resort World Station에서 도보 3분
주소 8 Sentosa Gateway **문의** 65 6577 8888
운영 10:00~17:00 ※날짜에 따라 18:00, 19:00, 20:00까지 운영
요금 유니버설 스튜디오 싱가포르 1일권 일반 S$83~,
4~12세 S$62~, 4세 미만 무료
홈페이지 www.rwsentosa.com

⑫ 유니버설 스튜디오 싱가포르
Universal Studios Singapore

싱가포르 대표 아이콘을 만날 수 있는 장소

유명 할리우드 영화와 애니메이션을 테마로 꾸민 테마파크. 볼거리, 즐길 거리가 가득해 싱가포르를 찾은 여행자들에게 인기가 높으며 주말이나 공휴일은 방문객이 더욱 많다. 유니버설 스튜디오 싱가포르에는 오직 싱가포르에서만 즐길 수 있는 싱가포르 오리지널 어트랙션이 있다. 대표 어트랙션은 놓치지 말고 체험해보자.

⚲
가는 방법 모노레일 리조트 월드역Resort World Station에서 도보 3분
주소 8 Sentosa Gateway
문의 65 6577 8888
운영 10:00~17:00 ※날짜에 따라 18:00, 19:00, 20:00까지 운영
요금 1일권 일반 S$83~, 4~12세 S$62~, 4세 미만 무료
홈페이지 www.rwsentosa.com

F⊙LLOW
UP

유니버설 스튜디오의
6개 테마 구역

유니버설 스튜디오 싱가포르는 6개의 테마 구역으로 나뉘어 있으며 구역마다 각기 다른 인기 체험 어트랙션이 있다.
혼잡도와 인기는 비례하니 마음에 드는 어트랙션을 한두 가지 골라 먼저 체험하는 요령이 필요하다.
각 테마 구역의 인기 어트랙션과 그에 관한 정보를 정리했다.

티켓 종류와 요금

- **1일권 One-Day Ticket** 기본적인 입장권으로 유니버설
  스튜디오 싱가포르 내 모든 어트랙션과 시설을 이용할 수
  있는 자유이용권이다.
  요금 1일권 일반 S\$83~, 4~12세 S\$62~
- **유니버설 익스프레스 Universal Express** 모든 어트랙션
  을 기다리지 않고 바로 이용할 수 있는 패스로 어트랙션당
  1회 이용 가능하다. 1일권과 별개로 구입해야 한다.
  요금 1인 S\$98

❗ **꼭 알아야 할 팁**
- 매주 일요일 저녁에 유니버설 스타 파워
  퍼레이드Universal Star Power Parade 진행
- 외부 음식이나 음료 반입 금지, 금연(흡연
  구역에서만 가능), 드론 촬영 금지
- 매달, 매주, 매일 종료 시간이 달라지므로
  사전에 홈페이지에서 확인할 것

Follow Me ❶

할리우드 *Hollywood* 혼잡도 ★★

영화의 도시 할리우드를 재현한 장소로, 화려한 간판 등 영화
세트장 같은 분위기로 꾸몄다.

🛍 **대표 캐릭터 숍**

- **헬로 키티 스튜디오 스토어 Hello Kitty Studios Store**
  유니버설 스튜디오 싱가포르에서만 만나볼 수 있는 헬로 키
  티 상품을 판매한다.
- **미니언 마트 Minion Mart**
  다양한 〈미니언즈〉 굿즈와 기념품을 판매한다.
- **유니버설 스튜디오 스토어 Universal Studios Store**
  유니버설 스튜디오 싱가포르에서만 판매하는 기념품을 비롯
  한 상품을 갖추고 있다.

뉴욕 *New York* 혼잡도 ★★

뉴욕에서 매우 중요한 교통수단인 지하철 입구 모형과 뉴욕의 거리, 건물을 재현해 마치 뉴욕 맨해튼을 걷는 듯한 느낌을 준다.

🏙 대표 어트랙션

- **세서미 스트리트 스파게티 스페이스 체이스** Sesame Street Spaghetti Space Chase
실내 놀이기구를 탑승한 상태에서 다양한 영화 속 특수 효과를 체험할 수 있다.
- **조명, 카메라, 액션!** Lights, Camera, Action!
스티븐 스필버그 같은 영화감독이 되어 카메라와 조명 등을 조작해볼 수 있다.

사이파이 시티 *Sci-Fi City* 혼잡도 ★★★

미래 도시를 테마로 꾸몄으며, 배틀스타 갤럭티카와 유명한 트랜스포머 더 라이드에서 박진감 넘치는 3D 전투를 경험할 수 있다.

🏙 대표 어트랙션

- **트랜스포머 더 라이드** Transformers the Ride
초현실적인 3D 효과를 이용해 투사가 되어 전쟁에 참여해보는 체험이다.
- **배틀스타 갤럭티카** Battlestar Galactica
세계에서 가장 높은 듀얼 롤러코스터로 스릴감을 만끽할 수 있어 인기가 많다.
- **액셀러레이터** Accelerator
좌석이 빠르게 회전하면서 생기는 원심력을 체험해보는 놀이기구다.

Follow Me ④

고대 이집트 *Ancient Egypt* 혼잡도 ★★★

피라미드, 스핑크스 같은 이집트의 상징물을 재현해놓아 마치 고대로 시간 여행을 떠난 듯한 기분이 든다.

🏛️ 대표 어트랙션

• **트레저 헌터** Treasure Hunters
어린이용 어트랙션으로 버려진 보물 발굴 현장을
빈티지 모터카를 운전하며 탐험한다.

• **리벤지 오브 더 머미** Revenge of the Mummy
인기 있는 고속 롤러코스터로 어둠 속에서 펼쳐
지는 미라와의 사투를 테마로 한 체험 공간이다.

Follow Me ⑤

잃어버린 세계 *The Lost World*
혼잡도 ★★★

영화 〈쥬라기 월드〉를 배경으로 했으며 스릴 넘치
는 놀이기구와 함께 다양한 공룡을 만날 수 있다.

🏛️ 대표 어트랙션

• **캐노피 플라이어** Canopy Flyer
익룡처럼 공중을 날며 좌우로 급강하는 스릴 만
점의 공중 라이드.

• **디노 소아린** Dino-Soarin
날아다니는 공룡의 등에 올라타 즐기는 어린이용
놀이기구.

• **쥬라기 파크 래피즈 어드벤처**
Jurassic Park Rapids Adventure
쥬라기 파크 내 수로에서 급류를
타고 즐기는 리버 라이드.

Follow Me ⑥

머나먼 왕국 *Far Far Away* 혼잡도 ★★

영화 〈슈렉〉의 세계를 재현한 구역으로, 전 세계 유
니버설 스튜디오 중 오직 싱가포르에만 존재한다.

🏛️ 대표 어트랙션

• **슈렉 4D 어드벤처** Shrek 4-D Adventure
슈렉 친구들과 함께 4D 영화를 체험할 수 있는 어
트랙션.

• **인챈티드 에어웨이스** Enchanted Airways
용의 모습을 형상화한 롤러코스터를 타고 즐기는
어린이용 놀이기구.

• **매직 포션 스핀** Magic Potion Spin
마법의 물약 조제를 체험하는 어린이용 미니어처
관람차.

• **장화 신은 고양이** Puss in Boot's Giant
장화 신은 고양이를 테마로 꾸민 거대한 콩나무에
서 하강하며 즐기는 롤러코스터.

⓪③ 어드벤처 코브 워터파크
Adventure Cove Waterpark™

남녀노소 누구나 즐길 수 있는 워터파크

리조트 월드 센토사 내 워터파크로 더위를 피해 즐거운 시간을
보낼 수 있는 곳이다. 아담하지만 각종 워터 슬라이드를 비롯해
웨이브 풀, 스노클링 등 14개의 어트랙션이 짜임새 있게 갖춰
져 있다. 아이와 함께 시원한 물놀이를 하기 좋은 어드벤처 리
버와 튜브를 타고 즐기는 월풀 워시아웃, 스노클링을 즐기는 레
인보 리프가 인기 있다. 운영 시간이 오후 5시까지로 조금 이른
편이니 가능하면 일찍이 방문해 마음껏 즐긴다. 로커 룸 대여가
가능하며, 타월은 개인적으로 챙겨 가야 한다.

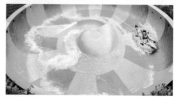

 가는 방법 모노레일 리조트 월드역Resort World Station에서
도보 8분(해양체험박물관 뒤쪽) **주소** 8 Sentosa Gateway
문의 65 6577 8888 **운영** 10:00~17:00
요금 1일 패스 일반 S$40, 4~12세 · 60세 이상 S$32 /
로커 룸 1일 S$10(소형), S$20(대형)

CHECK

인기 어트랙션

- **레인보 리프 Rainbow Reef**
  2만여 마리의 아름다운 열대어를 만날 수 있는 인공 스노클링 포인트.
  간단한 교육 후 체험 가능하다.

- **리프타이드 리드 Riptide Rid**
  동남아시아 최초의 수중 자기 코스터hydro-magnetic coaster 보트를 타고
  225m까지 올라갔다가 수직 하강을 반복하는 스릴 만점 워터 슬라이드.

- **블루 워터 베이 Blue Water Bay**
  최대 2.2m 높이의 인공 파도가 몰아치는 웨이브 풀로 안전 요원이 상주해
  아이들과 함께 편안하게 즐길 수 있다.

- **어드벤처 리버 Adventure River**
  튜브를 타고 둥둥 떠다니는 유수로로 어드벤처 코브 워터파크의 전체 14개 테마 구역을
  지난다. 수중 터널을 지날 때는 아름답고 다양한 해양 생물도 만난다.

- **월풀 워시아웃 Whirlpool Washout**
  2인용 튜브를 타고 빠르게 하강해 큰 소용돌이 속으로 회전하며 빠져나간다. 짧지만 스릴 넘치는 어트랙션이다.

⑭ S.E.A. 아쿠아리움
S.E.A. Aquarium™

세계 최고 수준의 해양 박물관

리조트 월드 센토사 내에 있는 대형 수족관으로 바닷속에 들어온 듯한 착각이 들 정도로 잘 꾸며놓았다. S.E.A.는 South, East, Asia의 약자다. 7개의 테마 존으로 나누어 800여 종의 해양 동물 약 10만 마리를 전시하고 있다. 주요 볼거리로는 바다 깊은 곳의 광활한 전경을 감상하는 듯한 오픈 오션 해비타트Open Ocean Habitat가 있다. 이곳에는 거대한 산호초군, 레오파드상어, 망치상어, 자이언트가오리, 골리앗그루퍼 등이 있다. 또 바다의 최상위 포식자Apex Predators of the Sea관에서는 100마리 이상 다양한 종류의 상어를 아주 가까이서 관찰할 수 있다. S.E.A. 아쿠아리움은 단순한 전시를 넘어 해양 생태계 교육 프로그램을 제공하며, 멸종 위기종의 번식과 산호 복원에도 힘쓰고 있다. 방문객은 다이빙 쇼 관람과 해양 생물을 만져보는 체험 활동 등에도 참여할 수 있다

🚩 **가는 방법** 모노레일 리조트 월드역Resort World Station에서 도보 5분(해양체험박물관 지하)
주소 8 Sentosa Gateway **문의** 65 6577 8888 **운영** 10:00~19:00 **요금** 일반 S$44, 4~12세 S$33

TRAVEL TALK

S.E.A. 아쿠아리움에서 경험하는 아주 특별한 하룻밤	S.E.A. 아쿠아리움 안에 아쿠아리우스 호텔Aquarius Hotel이 있어요. 이곳의 오션 스위트룸은 객실에서 아쿠아리움이 보이도록 설계한 아시아 최초이자 유일한 객실이에요. 대형 아크릴 창을 통해 다양한 해양 생물을 감상할 수 있는 것은 물론이며, 창 바로 아래쪽에 설치한 욕조에서 물고기를 보며 거품 목욕을 즐길 수도 있답니다. 로맨틱한 분위기로 연인이나 가족여행자들에게 인기가 높아요.

유료 vs 무료, 뭐가 더 신날까?
센토사섬에서 즐기는 액티비티 7

센토사섬은 다양한 액티비티로 가득한 흥미진진한 휴양지다. 워터파크, 스카이라이드, 루지, 집라인 등
매력 넘치는 액티비티가 많아 일부러 찾아가기도 한다. 스릴 있는 액티비티가 인기가 많지만
해변 산책 등 무료로 즐길 수 있는 것도 있다.

유료 어트랙션

1 스카이라이드 *Skyride*

싱가포르의 스카이라인과 남중국해의 웅장한 전망을 감상할 수 있
는 4인승 리프트로, 스카이라이드를 타고 정상에 올라가면 스카이
라인 루지 센토사가 자리해 있다. 낮과 밤 모두 이용 가능하며, 주
말 저녁 7시 40분과 8시 40분에 탑승하면 공중에서 '윙스 오브 타
임 쇼Wings of Time Show'를 즐기는 특별한 경험도 한다. 키 135cm
이하 어린이는 보호자 동반 시 탑승 가능하며 티켓은 스카이라이드
홈페이지에서 사전 예약할 것을 추천한다. 현장에서도 티켓을 판매
하지만 매진될 수도 있기 때문이다.

가는 방법 모노레일 비치역Beach Station에서 도보 2분
주소 1 Imbiah Rd **문의** 65 6274 0472
운영 10:00~19:30(금·토요일은 22:00까지)
요금 1인 편도 S$12 **홈페이지** www.skylineluge.com

2 스카이라인 루지 센토사 *Skyline Luge Sentosa*

높은 고도에서 출발하는 스릴 넘치는 루지로 구불구불한 코스가 인
기다. 주간과 야간 모두 운영하며 티켓은 각각 따로 구매해야 한다.
4개의 각기 다른 스타일의 트랙을 타고 내려가면서 스피드와 스릴
을 만끽할 수 있다. 그중 드래곤 트레일Dragon Trail 코스는 가장 길
고 빠른 스피드를 자랑하며, 쿠부 쿠부 트레일Kupu Kupu Trail 코스는
경치가 좋기로 유명하다. 6세 이상, 키 110cm 이상만 이용 가능하
다. 티켓은 홈페이지 또는 클룩을 통해 사전 예약할 것을 추천한다.
현장에서도 티켓을 판매하지만 매진되면 이용이 불가능하다.

가는 방법 모노레일 비치역Beach Station에서 도보 2분 **주소** 1 Imbiah Rd
문의 65 6274 0472 **운영** 10:00~19:30(금·토요일은 21:00까지)
요금 1인(기본 2회 탑승) S$30~46 ※날짜 및 탑승 시간 지정 유무에 따라
요금이 달라짐 **홈페이지** www.skylineluge.com

이슬비가 내리는 정도의 날씨에는
운영하지만 폭우가 쏟아지거나
악천후일 때는 운영하지 않아요.

3 아이플라이 싱가포르 *iFly Singapore*

스카이다이빙을 체험할 수 있는 어트랙션으로 안전 교육을 받은 뒤 전용 슈트와 헬멧, 고글 등을 착용하고 원통형 윈드 터널 속에서 전문 강사와 함께 스카이다이빙 체험을 한다. 다양한 기술을 습득하며, 체험 후에는 수료증도 발급해준다. 체험 시간 대비 가격은 비싼 편이지만 아이들이 무척 좋아한다.

가는 방법 모노레일 비치역Beach Station에서 도보 1분 **주소** 43 Siloso Beach Walk, #01-01 **문의** 65 6571 0000 **운영** 09:00~22:00(수요일은 11:00부터) **요금** 1인 1회 S$89, 2회 S$119 **홈페이지** www.iflysingapore.com

4 키자니아 싱가포르 *KidZania Singapore*

아이들을 위한 에듀테인먼트 테마파크. 70개 이상의 다양한 직업군을 체험해볼 수 있다. 41개 싱가포르 민간 기관과 협력해 미래 아이들의 다양한 일자리를 준비했다. 은행원, 경찰관, 의사, 요리사, 항공 승무원 등의 업무를 구체적으로 체험해볼 수 있다. 모든 체험은 영어로 진행하며 요금은 나이, 날짜, 요일에 따라 달라지니 예약 전 홈페이지를 참고할 것.

가는 방법 모노레일 비치역Beach Station에서 도보 4분 **주소** 31 Beach Vw Rd, #01-01/02 Sentosa Island **운영** 10:00~18:00 **요금** 일반 S$73, 4~17세 S$120, 2~3세 S$58 **홈페이지** kidzania.com.sg

무료 어트랙션

1 실로소 비치 *Siloso Beach*

센토사섬에서 가장 인기 있는 해변. 주변에 비치발
리볼, 카약, 서핑, 스카이다이빙 등 다양한 수상 스포
츠와 액티비티 시설은 물론 레스토랑 등이 모여 있
어 친구나 연인과 함께 즐겨 찾는 곳이다. 이 밖에도
센토사섬에는 수영이나 물놀이를 즐기기 좋은
팔라완 비치Palawan Beach와 평화로운 분위
기의 탄종 비치Tanjong Beach가 있다. 아이
를 동반한 가족여행자들이 좋아한다.

📍 **가는 방법** 모노레일 비치역Beach Station에서 도보
6분 또는 비치 트램으로 3분 **운영** 24시간

2 실로소 요새 *Fort Siloso*

싱가포르의 군사 및 식민 역사를 생생하게 느낄 수 있
는 곳으로 센토사섬의 주요 볼거리 중 하나다. 1880
년 영국과의 무역에서 중요한 역할을 하던 케펠항
Keppel Harbor을 방어하기 위해 영국 해군이 건설했
는데, 당시 사용하던 대포와 대함 무기, 탄약고, 병
사 막사 등을 블루 · 레드 · 옐로 3개 구역과 기념관
Surrender Chamber에 나누어 전시하고 있다. 각 구역
을 따라 짧은 트레킹을 즐길 수 있어 현지인도 많이
찾는다.

📍 **가는 방법** 케이블카 실로소 포인트역Siloso Point Station에서
도보 10분 **운영** 10:00~18:00

3 스카이워크 *Skywalk*

전용 엘리베이터를 타고 11층 높이의 스카이워크에
올라가면 센토사섬과 케펠항, 싱가포르 인근 섬들이
한눈에 들어온다. 스카이워크는 실로소 요새가 시작
되는 곳까지 연결되어 있어 함께 둘러보기 좋다.

📍 **가는 방법** 케이블카 실로소 포인트역Siloso Point Station에서
도보 10분 **운영** 09:00~22:00

센토사섬 맛집

푸드 리퍼블릭
Food Republic

위치	비보시티 3층
유형	푸드 코트 체인점
주메뉴	싱가포르 & 아시아 요리

☺→ 편리한 위치와 다양한 메뉴
☹→ 맛은 평범한 편

가는 방법 MRT 하버프런트Harbourfront역에서
도보 8분 **주소** 1 HarbourFront Walk, #03-01
문의 65 6276 0521 **운영** 10:00~22:00
예산 단품 메뉴 S\$10~20 ※봉사료+세금 포함
홈페이지 foodrepublic.com.sg

싱가포르의 인기 푸드 코트 체인점으로 센토사섬의 관문인 비보시티 내에 있다. 다른 매장보다 규모가 크고 식사 메뉴도 더욱 다양하다. 센토사섬의 레스토랑은 가격대가 높은 편이라 이곳에서 식사를 든든히 하고 센토사섬으로 들어가거나 반대로 센토사섬을 여행하고 나서 본섬으로 돌아가는 저녁 시간에 들러 식사하기 좋다.

말레이시안 푸드 스트리트
Malaysian Food Street

위치	리조트 월드 센토사 1층
유형	푸드 스트리트
주메뉴	말레이 요리

☺→ 다양하게 맛보는 말레이 음식
☹→ 다소 불편한 주문과 결제 시스템

리조트 월드 센토사 내에 있는 푸드 스트리트로 말레이 요리를 비교적 합리적인 가격에 맛볼 수 있다. 마치 말레이시아에 온 듯한 착각이 드는 분위기이며 호키엔 미, 클레이 포트, 사테, 말라카 치킨 라이스 등 말레이 대표 요리를 골라 먹는 재미가 있다.

가는 방법 모노레일 리조트 월드역Resort World Station에서 도보 3분
주소 8 Sentosa Gateway Waterfront, Level 1
문의 65 8798 9530 **운영** 08:30~20:00
예산 단품 요리 S\$10~20 ※봉사료+세금 포함

 가성비 미식 여행을 책임지는 패스가 있어요!

푸드 디스커버리 패스Food Discovery Pass는 리조트 월드 센토사 내 레스토랑을 다양하게 이용할 수 있는 티켓이다. 특히 월요일부터 목요일까지만 사용하는 주중권은 30% 저렴해 경제적이다. 사용 가능한 레스토랑 리스트와 패스 관련 자세한 내용은 센토사 공식 홈페이지를 참고할 것. 단, 사전 구매가 필수다.
요금 주중 S\$70, 주말 포함 S\$100

푸드 디스커버리
패스 정보

코스테스
Coastes

위치	모노레일 비치역 근처
유형	웨스턴 레스토랑
주메뉴	햄버거, 감자튀김, 브런치

☺ → 멋진 선셋 포인트
☹ → 낮에는 다소 더움

실로소 비치를 마주하고 있는 비치프런트 레스토랑으로 다양한 식사 메뉴와 주류를 갖추고 있다. 실내와 야외 덱에 좌석이 있으며 피자, 햄버거, 바비큐, 샌드위치 등 웨스턴 메뉴를 갖추고 올데이 다이닝이 가능하다. 오후에는 식사와 칵테일, 맥주 등을 즐기면서 멋진 선셋을 감상할 수 있다. 주말에는 오전 9시부터 조식 메뉴를 내며 음식량이 푸짐하다.

가는 방법 모노레일 비치역Beach Station에서 도보 3분
주소 50 Siloso Beach Walk, #01-06
운영 월~목요일 11:00~21:00, 금요일 11:00~22:30, 토요일 09:00~22:30, 일요일 09:00~21:00
예산 피자 S$28~, 피시앤칩스 S$26~, 칵테일 S$12~ ※봉사료+세금 19% 별도
홈페이지 www.coastes.com

	코+넛+링크 Co+Nut+link	굿 올드 데이스 푸드 코트 Good Old Days Food Court	인터내셔널 푸드 스트리트 International Food Street	메리브라운 Marrybrown
특징	아이스크림 가게	푸드 코트	푸드 트럭과 컨테이너 매장	패스트푸드
인기 메뉴	코코넛 아이스크림, 음료	나시 르막, 호키엔 미	스낵, 음료, 디저트	프라이드치킨, 햄버거
위치	케이블카 실로소 포인트역	모노레일 비치역	모노레일 비치역	모노레일 비치역
운영 시간	일~목요일 10:00~17:00, 금·토요일 09:30~20:30	10:00~22:00	11:00~21:00	11:00~21:00
예산	S$5~	S$10~	S$5~	S$15~

트라피자
Trapizza

위치 실로소 비치 근처
유형 인기 맛집
주메뉴 피자, 파스타

😊→ 다양한 이탈리아 요리
☹️→ 다소 비싼 음식값

캐주얼한 분위기의 피자 전문점으로 실로소 비치의 정취가 느껴지는 곳이다. 해변의 부드러운 모래사장에 야외석도 마련되어 있다. 샹그릴라 라사 센토사 리조트Shangri-La Rasa Sentosa Resort에서 운영하는 만큼 친절한 서비스는 기본이며, 화덕에서 구워내는 피자 맛이 좋다는 평이 많다. 피자 외에 파스타, 샐러드 등과 키즈 메뉴도 있다. 음식의 양이 넉넉하며 가족여행자들이 많이 찾는다.

📍
가는 방법 모노레일 비치역Beach Station에서 비치 셔틀 버스로 약 5분
주소 10 Siloso Beach Walk **문의** 65 6376 2662
운영 월~목요일 12:00~21:00, 금~일요일 11:00~22:00
예산 스파게티 S$20~, 피자 S$25~ ※봉사료+세금 19% 별도
홈페이지 shangri-la.com

미요시 바이 팻 카우 Miyosh by Fat Cow	올라 비치 클럽 Ola Beach Club	루머스 비치 클럽 Rumours Beach Club	사비오 바이 더 시 Sabio by the Sea
퓨전 일식 레스토랑	하와이 음식을 내는 비치 클럽 & 바	비치프런트에 자리한 비치 클럽	핑거 푸드와 칵테일을 파는 캐주얼한 스페니시 바
데판야키, 라멘, 오마카세	피자, 버거, 포케, 칵테일	스낵, 음료, 디저트	살사, 파엘라, 토르티야 에스파뇰라
모노레일 임비아역	모노레일 비치역	모노레일 비치역	센토사 코브
런치 12:00~15:00, 디너 18:00~22:00	월~토요일 10:00~21:00, 일요일 09:00~21:00	11:00~21:00	월~목요일 17:00~22:30, 금~일요일 12:00~23:00
S$30~	S$35~	S$35~	S$15~

INDEX

☑ 가고 싶은 여행지와 관광 명소, 주요 어트랙션을 미리 체크해보세요.